智慧熊品质图书

U0162399

时时阅读，时时收获

——全民阅读形象代言人

编 委 会

快乐读书吧

闻　钟◎策划　朱永新◎主编

四年级下册

爷爷的爷爷哪里来：

人类起源的演化过程 全本

YEYE DE YEYE NALI LAI:
RENLEI QIYUAN DE YANHUA GUOCHENG

贾兰坡◎著

有声朗读版

商务印书馆
创于1897
The Commercial Press

图书在版编目(CIP)数据

爷爷的爷爷哪里来：人类起源的演化过程 / 贾兰坡
著. —北京：商务印书馆，2020 (2023.10 重印)
(快乐读书吧·统编小学语文教材必读丛书)
ISBN 978 - 7 - 100 - 18054 - 2

Ⅰ.①爷…　Ⅱ.①贾…　Ⅲ.①人类起源－少儿读物
Ⅳ.①Q981.1—49

中国版本图书馆 CIP 数据核字(2020)第 013712 号

爷爷的爷爷哪里来：人类起源的演化过程
贾兰坡　著

商 务 印 书 馆 出 版
(北京王府井大街36号　邮政编码100710)
商 务 印 书 馆 发 行
河北松源印刷有限公司印刷
ISBN 978 - 7 - 100 - 18054 - 2

2020 年 3 月第 1 版　　　开本 710×1000　1/16
2023 年 10 月第 6 次印刷　　印张 18
定价：29.80 元

总 序

让每个孩子的童年与好书相遇

资深儿童阅读、亲子阅读推广人　耿玉苗

打开一本书，就是打开一个奇妙的世界，孩子可以在书中看到世界，透过这个世界看到自己。好书的名字叫作"经典"，它们经历时间的考验从众多书籍中脱颖而出。西班牙安徒生文学奖获得者霍尔迪·塞拉·依·法布拉在《无字书图书馆》中有这样一段描述："那些书是人类历史上最生动的艺术表现形式。那些书呈现了他们的经历。那些书是真理，是梦想，是现实，是幻象，是知识，是愉悦，是平静，是生命。"让每个孩子的童年与好书相遇，一直是我们作为教育引领者的美好愿望。

正是基于这样的思考，本套来源于小学语文教材的"快乐读书吧"系列丛书呈现在了大小读者面前。在这套丛书中，你们会感受到文字的温度和力量，编辑的诚意和用心，印刷的质感和美感。这套丛书还专门设置了多个指导阅读的相关板块，提供了科学的阅读方法，以满足学生自主阅读的需求。学生在童年遇见这样的书，是幸运的，也是幸福的。童年书香弥漫，生命散发芬芳，手中的书单将成就生命的独特气象。阅读经典，远离平庸，当一个人学会仰望星空，遥望草原、沙漠、海洋，一定会意识到自然的神奇伟大，生命的格局也会更加辽阔。

那么这套丛书我们该如何阅读呢？

我们可以慢慢读、慢慢欣赏，也可以快速浏览，相信每个学生都有自己的阅读速度和阅读节奏。低年级的学生可以大声朗读，在阅读的过程中培养语感，并初步学习默读，做到不动唇，不出声，不指读，读着读着，那些精彩的语言就会悄悄变成精神的乳汁，变成滋养真善美的种子；中年级的学生要逐渐培养自己的默读能力，学会思考，在静思默想中与文字对话，试着提出一些小问题，与爸爸、妈妈或与老师、同学讨论，让阅读因为思考而美丽；高年级的学生可以逐渐提高默读的速度，养成默读的习惯，达到每分钟阅读 300 字的速度，如果能够做到"不动笔墨不读书"就更好了。

　　阅读，是写作的上游！

　　阅读不仅能使孩子从书中感受真善美的力量，也能培养孩子讲故事的能力。阅读是慢的艺术，是一个聚沙成塔的过程，积累的过程就是在往自己的语言银行里存款。刚开始我们可能看不出有什么变化，但写起作文来，文思便会如涓涓小溪一般潺潺流淌。这就是文化的熏陶。它在不自觉中融入了阅读者的生命。胸中万卷风雷动，无端直奔笔下来。写作时信手拈来的从容，源自一点一滴的积淀。

　　我们阅读不仅仅是为了获取信息、学会表达，更重要的是通过阅读拥有不一样的眼光，从不一样的视角去观察世界上与众不同的风景，发现生活中纯粹、真实的美感，感知有限生命中的无限幸福，探寻自我存在的终极意义。阅读不是为了寻求一个答案，而是为了找到多种可能性。

　　全民阅读形象大使朱永新先生说："一个人的精神发育史就是他的阅读史。""一个民族的精神境界取决于这个民族的阅读水平。"一个民族需要有共同的书目，需要有共同的历史、共同的文化符号和共同的心灵密码。这些我们一起阅读的书，让原本陌生的灵魂一点点靠近，让我们逐渐拥有相同的精神尺码、相同的文化基因。一起读经典的书，就是真正地生活在一起。唯有如此，我们才会拥有共同的精神支柱，才能让民族文化薪火相传，生生不息。

　　读好书要趁早，时时都是好时节！

　　同学们，当你们身处浩瀚的夜空之下，仰望璀璨的星河时，是否有过这样的疑问：人类到底从何而来？孩提时代，你们是否经常缠着父母问"我是从哪里来的"这类问题？

　　关于人类起源，自古以来众说纷纭，无数学说也应运而生。在人类的蒙昧时代，"神创论"一直占据着主流地位，世界上许多民族的民间故事和神话故事中，都流传着关于人类远古时期文明的种种传说。然而，随着人类对自身认识的加深，"人猿同祖"的观念逐渐深入人心，但是这一观点从出现到被世人接受经历了一段漫长的过程……

　　为了解答有关人类起源的问题，我国著名科学家贾兰坡专门为青少年创作了这本"大科学家写给小读者"的科普名著。本书一共分为两个部分：第一部分主要讲述古人类学这门学科的发展以及作者和中国地质调查所的同事为了破解人类起源的有关课题，不辞辛劳，为这门学科做出的巨大贡献；第二部分则重点讲述了作者与考古事业紧密相关的一生。同时，作者对年轻一代提出了要求，寄予了厚望，希望古人类学研究能再创辉煌。

　　贾兰坡教授用诙谐而又通俗易懂的语言，揭开了考古学的神秘面纱，向我们展开了一幅恢宏的人类历史画卷。现在，就让我们跟随作者的足迹，一起走进神秘的考古世界，感受古人类学研究者对科学的求真精神，了解人类源远流长的历史和艰难曲折的进化过程吧。

阅读规划与指导

阅读之前，建议先给自己制订一个阅读规划，方便自己更有计划与效率地读完这本书。

阅读章节	时间
《从"神创论"到认识上的蒙昧时期》到《找到了比"北京人"更早的人类化石》	2 天
《人类起源的演化过程》到《保护"北京人"遗址》	2 天
《我的童年》到《辗转云南行》	2 天
《升为技士》到《寻找比"北京人"更早的人》	2 天
《广西探洞寻"巨猿"》到《流逝的岁月留下了什么》	2 天
精读与品析	1 天

本书是一本关于人类起源的科普名著，书中与古人类学相关的专业名词和知识点比比皆是，同学们在阅读的过程中，要养成随时记笔记的好习惯，遇到不懂的地方，一定要标注下来，在完成阶段性的阅读任务后，再集中查阅相关资料。

本书真实、完整地还原了考古研究者的日常工作，在阅读的过程中，同学们可以重点关注科研人员进行挖掘、实地勘查的内容，体会他们对考古学的热忱和坚持。

同学们即将进入考古学的世界，在阅读开始前，让我们一起来思考一下这两个问题：研究人类起源的意义是什么？我们应该如何去保护古人类遗址？相信在阅读完成后，大家一定会给出满意的答案。

目录

扫一扫，
获取本书原声朗读

爷爷的爷爷哪里来

爷爷的爷爷哪里来

"人类起源"的科学认识得来不易，经过了漫长的时间和无数人的共同努力。在人类的蒙昧时代，"神创论"一直占据着主流地位，由此也衍生出了许多与神创论有关的神话故事。然而，随着科学技术的发展以及《物种起源》一书的面世，"人猿同祖"这一论断逐渐取代了"神创论"。与此同时，这一论断也为寻找人类起源的证物——人类化石，指明了方向。

但是在寻找人类化石的过程中，考古学者们遇到了各种各样的难题。20世纪初，考古学者们开始把目光转向中国周口店，备受关注的周口店会迎来什么发现呢？

从"神创论"到认识上的蒙昧时期

人很早就想知道自己是怎么来的。由于科学的落后，人们得不到正确的认识，就认为人是用泥土造的，也就是"神创论"。"神创论"在世界上流传很广，东西方都有这样的神话故事传播。

在中国广为流传的是盘古开天辟地和女娲抟①土造人。古人认为，世界上最初没有万物，后来出现了盘古氏，他用斧头劈开了天、地，天一天天加高，地一日日增厚，盘古氏也一天天跟着长大。万年之后，成了天高不可测、地厚不可量的世界，盘古氏也成了顶天立地的巨人，支撑着天与地。他死后化成了太阳、月亮、星星、山川、河流和草木。天地星辰、山川草木、虫鱼鸟兽出现了，只是世界上还没有人。这时女娲出现了，她取来土和水，抟成泥，捏成人，从此世上就有了人。

在国外的神话中，也有相似的说法。在埃及的传说中，鹿面人身的神哈奴姆用泥土塑造了人，并与女神赫脱给了这些泥人生命。在古希腊的神话中，普罗米修斯用泥土捏出了动物和人，又从天上偷来火种交给了人类，并教会了人类生存技能。

随着人类社会的不断发展，神话传说被宗教利用，成为宗教的经

---

① 抟（tuán）同"团"，把东西揉弄成球形。

典，并撰成教义，更加在人们心目中广为流传。关于"上帝造人"，古犹太教的创世纪部分，说上帝花了6天时间创造了世界和人类：第一天创造了光，分了昼夜；第二天创造了空气，分了天地；第三天创造了陆地、海洋、各种植物；第四天创造了日月星辰，分管时令节气和岁月；第五天创造了水下和陆上的各种动物；第六天创造了男人和女人及五谷、牲畜；第七天上帝感到累了，就休息了。在基督教的"创世说"中说耶和华上帝创造了天地之后，世界仍一片荒芜，于是他降甘露于大地，长出了草木。耶和华用泥捏了一个人，取名"亚当"，造了一个伊甸园，把亚当安置在里面。伊甸园中有各种花木，长着美味的果实。后来耶和华上帝感到亚当一个人很寂寞，在亚当熟睡之时，抽出他的一根肋骨造了一个女人，取名"夏娃"，上帝把各种飞禽走兽送到他们跟前。后来，夏娃偷吃了禁果。上帝把亚当、夏娃贬下尘世，随后发了一场洪水以示对世间罪恶的惩罚，并造了一只诺亚方舟①，来拯救世间无辜的生灵。

不管是女娲抟土造人也好，还是上帝造人也好，这些神话传说都并非出于偶然，而是人们很想了解和知道自己是怎么来的，却不得其解，这才造出了"神创论"。

我的童年是在农村度过的。逮蝈蝈儿、掏蛐蛐儿、捉鸟儿、拍黄土盖房是我们那个时代儿童最普遍的游戏。每逢我玩后回家，母亲都要为我冲洗，有时一天两三遍。母亲边搓边唠叨："要不怎么说人是用土捏的呢！无论怎么搓，都能搓下泥来。"我6岁时到离我家不远的外祖母家读私塾，也常听老师和外祖母这样说。可见"人是泥捏的"传说流传得多广、多深了。

---

① 诺亚方舟　也叫挪亚方舟，《圣经》故事中义士挪亚为躲避洪水造的柜形大木船。

何时出现的传说不得而知，想来在有文字之前就已经开始了。而与"神创论"唱反调的还得说是中国的学者。远在2000多年前，我国春秋时代的管仲①在《管子·水地篇》上说："水者何也？万物之本原也。诸生之宗室也。"意思是说：水是万物的根本，所有的生物都来自水。他的这句话说出了生命的起源。

战国时代的伟大诗人屈原在诗歌《天问》中，对自然现象、神话传说一口气提出了100多个问题，对女娲抟土造人也提出了质疑："女娲氏有体，孰制匠之？"意思是说：女娲氏既然也有身体，又是谁造的呢？

最使人惊奇的是山东省微山县出土的东汉时期的"鱼、猿、人"的石刻画②。原石横长1.86米，纵高0.85米，作者不知是谁。在原石的左半部，从右向左并排着鱼、猿、人的刻像，让人看了之后，很自然地会想到"从鱼到人"的进化过程。

18世纪的法国博物学家乔治·比丰虽然也曾指出，生命首先诞生于海洋，以后才发展到了陆地；生物在环境条件的影响下会发生变化，器官在不同的使用程度上也会发生变化。但是并没有指出从鱼到人的演化关系。

指出从鱼到人的演化关系并发表名著的是美国古脊椎动物学家威廉·格雷戈里。1929年他发表的《从鱼到人》，把人的面貌和构造与猿、猴等哺乳类、爬行类、两栖类动物相比较，把我们的面形一直追溯到鱼类。在当时，由于获得的材料有限，在演化过程中缺少的环节太多，

---

① 管仲 （？—前645），春秋初期齐国政治家。名夷吾，字仲，颍上（颍水之滨）人。齐桓公即位后，由鲍叔牙推荐，被任命为相。在齐国改革内政，整顿军队，确立选拔人才制度，主张按土地好坏分等征税。使齐国力大振。又提出"尊王攘夷"的策略，终使齐桓公成就霸业。
② "鱼、猿、人"的石刻画 现藏于曲阜孔庙。

有人嫌他的说法不充分，甚至指责他的某些看法是错误的。把从鱼演化到人的一枝一节都串联起来，谈何容易！你知道演化经过了多少时间吗？鱼类的出现，从地质时代的泥盆纪起，到现在已有3.7亿年了，这是多么漫长的时间啊！

能够说明演化资料的来源，并非是虚构的，而是来自地下。地层就是一部巨大的"书"，它包罗万象，有许多许多东西是由地下取得的。就拿脊椎动物化石来说吧，其实也就是老百姓经常说的"龙骨"。它们绝大多数是哺乳动物的骨骼，由于在地下埋藏的时间较长，得以钙化。但是要成为化石，还要有一定的条件。首先，包括人在内的动物死亡后，能尽快地被埋藏起来，使其不暴露。然后，经过风吹雨淋，年代久之即可成为化石——我们所要研究的材料。

虽然许多人将脊椎动物的骨骼叫作"龙骨"，但从来也没人见过想象中的"龙"。我跑过除西藏之外的很多省份，也找不到"龙"的蛛丝马迹。所谓的"恐龙"，原意为蜥蜴之类巨大的爬行动物，原是日本学者用的译名，我们也就随之使用了。

除了化石的形成条件，还要能发现它们，直到把它们一点一点地发掘出来，也不是一件很容易的事，其中有很高的技术含量。从发掘到修理，使之完整地再现于人们的眼前，再加上翻制模型，都必须有很高超的技术。

"人类起源"科学来之不易

　　"人类起源"，也有人称为"从猿到人"，或"人之由来"，等等。其实都是一个意思：人类是怎样一步一步演化成今天这个样子的。

　　有关人类起源的知识得来很不容易。许多真正的学者对这门学科的研究从不松懈，也不怕别人的谩骂和非议，一代接一代不屈不挠地进行着。直到目前，仍有许许多多的问题需要由后来人接着研究下去。但是再没有什么人反对人是从猿演化而来的说法了，这是最大的胜利。下面我先谈谈这门学科的历史，你就可以知道它来之不易了。人类起源的研究历史是很短的，至今不到200年。

　　在欧洲中世纪，宗教和神学思想统治了社会很长的时间，许多科学观点被扼杀。直到文艺复兴运动①的兴起，人们的思想、感情得到了大解放，出现了一大批思想家、文学家和科学家，完成了很多的科学发现。在人类起源问题上，1859年，英国生物学家查尔斯·达尔文发表了《物种起源》一书，提出了生物进化理论。在达尔文的启

---

① 文艺复兴运动　指14至16世纪发生在欧洲（主要是意大利）的一场反映新
　　兴资产阶级要求的思想文化运动。最初开始于意大利，后扩大到德、法、
　　英、荷等欧洲其他国家。

示下，英国博物学家托
马斯·赫胥黎在1863年发表
了《人类在自然界中的地位》，
提出了"人猿同祖论"。1871年，
达尔文又发表了《人类的由来及性
选择》，论证了人类也是进化的产物，
是通过能增强其生存和繁殖的变异，
并遗传给下一代的自然选择从古猿进化而来的。这是世界科学史上
划时代的贡献。尽管如此，在那个时代由于证据不足，因此当时所
有进化论者都感到很苦恼，因为他们不能用真凭实据来说服人。但
他们的论点为寻找人类起源的证物——人类化石，指明了方向。

　　1806年，丹麦的一个委员会决定在他们国内进行历史、自然史和
地质学的研究。首先遇到的是丹麦没有历史记载的"巨石文化①"、贝
丘②中的许多石器制品。他们认为传说中的故事对真正的历史事实的探
究是毫无用处的。但在工作期间，史前工具的发现越来越多，因而一
个新的委员会要求对这些材料进行仔细的研究。1816—1865年，汤姆
森在哥本哈根任丹麦皇家古物博物馆馆长，又进一步安排、策划、组
织人力，对发现物进行分类研究，并根据文化性质编年，建立了石器
时代、青铜器时代和铁器时代的顺序。这一工作，虽然由于材料的限
制，在当时的情况下，研究的成果不可能达到确凿无误，但是他们所
做的科学项目和内容，可以说是研究人类起源的开端。

---

① 巨石文化　新石器时代晚期和铜器时代的一种文化。以巨石建筑物石棚和
　　石圈为特征，故得此名。
② 贝丘　考古学名词。在沿海地区或湖滨居住的原始人类所遗留的贝壳堆积
　　物，形如小丘，故名。其中往往包含有陶器、石器等文化遗物。

1856年8月，在德国杜塞尔多夫以东、霍克多尔附近的尼安德特河谷发现了具有原始人性质的人类化石。那里是石灰岩地区，工人们采石烧灰，在石灰窑地区内有个山洞，工人们在洞尚未被破坏前见到了一副骨架，附近既无石制的工具，也没有其他哺乳动物的骨骼化石。石灰窑的负责人虽然不是内行，但也对这具不完全的骨架感到非常奇怪，特别是保留下来的头盖骨，既不像人的，也不像其他动物的，因而骨架得以保存下来，交给了当地的一名医生。这名医生也不能肯定它就是人类的骨架，又将骨架送到波恩大学，请教授沙夫豪森鉴定。沙夫豪森认为这副骨架骨骼粗大，头骨前额低平，眉峤粗壮，是欧洲早期居民中最古老的人。赫胥黎见到头骨模型后，也认为是最像猿的人类头骨。后来这具骨架被辗转送到爱尔兰高韦皇后学院的地质学教授威廉·金手中，经他研究，认为在尼安德特河谷发现的这具骨架化石是已经绝种的古代人类遗骸，并于1864年按动植物的国际命名法为它命了个拉丁语化的名称，叫"Homo neanderthalensis"（King，1864），我国译为"尼安德特人"，这是双名法命名。后来种类越分越细，改为三名法命名，后面的字是形容词。整整过了100年，坎贝尔才又给改了一个三名法的名字，叫"Homo sapiens neanderthalensis"（Campbell，1964）。一般仍叫"尼安德特人"，简称"尼人"。

尼安德特人化石的发现，引起了很大的争议。很多人持怀疑和反对的态度，这是因为当时没有更多的证据。1886年，在比利时的斯庇也发现了尼人的骨骼化石及其他哺乳动物化石，这次发现的头骨和尼安德特河谷发现的头骨特征相同，有关尼人的争议才渐渐平息。同时达尔文的进化论也渐渐被人们所接受。

尼人是介于直立人与现代人之间的人类，被称为"早期智人"，年代约为10万~3.5万年前。之后又发现了比尼人进步的晚期智人——克罗马农人，年代约为3.5万～1万年前。尽管在19世纪中叶有大量的古人类化石被发现，达尔文的进化论日渐深入人心，但人们仍不能接受"人猿同祖"和"从猿到人"的进化观念。这是因为没有找到从猿过渡到直立人这个阶段的化石，有些学者以证据不足来对抗"进化论"。

正当欧洲关于人类起源的争议非常激烈的时候，尤金·杜布瓦在荷兰降生了，那年是1858年。杜布瓦长大后进了医学院，毕业以后当了师范学校的讲师，他对人类起源的问题着了迷。29岁时，杜布瓦开始着手研究人类起源问题。他把这一想法告诉了一些同事和朋友，却遭到同事和朋友的反对，有人还说他得了精神病。但杜布瓦没有气馁，经过努力，他作为一名随队军医被派往当时由荷兰统治的苏门答腊（现属印度尼西亚），想在那里寻找更原始的古人类化石。功夫不负有心人，1890年他在中爪（zhǎo）哇的克布鲁布斯发现了一件下颌骨残片；1891年又在特里尼尔附近发现了一个头盖骨；1892年在发现头盖骨附近发现了一个大腿骨。杜布瓦十分高兴，在给欧洲友人的电报中，他称这是"达尔文的缺环"。

正当杜布瓦还在高

兴之时，他还没来得及把化石向同行们展示，就成了争论的焦点。有人嘲笑他，有人谩骂他，而教会更是不容忍他。在各方面的围攻之下，杜布瓦把这些珍贵的人类化石锁在了家乡博物馆的保险柜里，一锁就是28年。

杜布瓦发现了人类化石后，曾于1892年给它取了拉丁语化的名字"直立人猿"（Pithecanthropus erectus），1894年改为"直立猿人"。由于受到教会和各方面的指责和压力，不得已，他承认了他发现的是一种猿类化石。尽管杜布瓦又提出了与自己相反的意见，但这种相反的论点并未得到后来人的承认。20世纪30年代，荷兰籍德国古人类学家孔尼华在爪哇又有了新的发现。曾经研究过"北京人"化石的魏敦瑞看过在爪哇的发现后，为了命名的统一，对于杜布瓦发现的人类化石，1940年把它改为"爪哇直立人"。1964年坎贝尔又把名称改为"Homo erectus erectus"，译为"能直立的直立人"，一般译作"标准直立人"。

杜布瓦发现的古人类化石，现在我们已经搞清楚了，是属于更新世早期、距今90万～80万年前的直立人，的的确确是人类演化中的重要一环。杜布瓦把他的发现锁了28年之后，在美国纽约自然历史博物馆馆长亨利·奥斯朋的呼吁下，1923年他打开了保险柜，在一些科学讨论会上展示了他的发现。

顺便说一下，亨利·奥斯朋在当时是最著名的古人类学家、古脊椎动物学家和石器时代考古学家，生前出版了大量著作。我在1931年参加周口店"北京人"遗址发掘工作的时候，还是个什么都不懂的小青年。除了有导师和学长的帮助外，最早读的一本书就是1885年英国伦敦麦克米兰公司出版的亨利·福罗尔著的《哺乳动物骨骼入门》，从中学到了不少关于哺乳动物骨骼的知识。第二本就是奥斯朋著的，由纽约查尔斯·斯克里布之子书店1925年出版的《旧石器时代人类》。这使我对古人类，不论是欧洲的发现，还是欧洲之外的发现都有了了解；对古人类所使用过的石器也有了进一步的认识。这两本书现在看来已有些陈旧，但我仍然把它们好好地保存着，因为是它们把我引入了这门学科的大门，在以后的工作实践中使我对这门学科越来越感兴趣，以至于能取得今天的成绩，在这门学科中"长大成人"。当然我更不能忘记师长和同人对我的帮助和支持。

"读书好，好读书，读好书。"书籍对人的一生有着重大的影响，因此我们要养成爱读书的好习惯，同时也要有选择性地阅读书籍，阅读那些对我们有裨益的书籍。

杜布瓦的发现是人还是猿，当时争议很大，因为没有人能够提供更加令人信服的证据，人们仍然有很多疑惑。20世纪初，学者们把眼光转向了中国。

"北京人"头盖骨

　　1915年，美国学者马修出版了《气候与进化》一书，在书中马修提出了亚洲是人类的发祥地的观点。奥斯朋也认为人类起源地在中亚地区。这种观点的提出还是由一位在北京行医的德国医生哈贝尔引起的。1903年，他把从北京中药店里买到的"龙骨"，即一批动物化石带到德国，交给德国古生物学家施罗塞研究，施罗塞认为其中有一颗像人的牙齿，但不敢确定，因而说是类人猿的。因此，他非常鼓励古生物学家到中国来考察。当时中国的一批学者像章鸿钊、丁文江、翁文灏等人创办了中国地质调查所，丁文江任所长。他们认为地质调查所的任务不应仅限于矿产调查，更应该进行古生物方面的调查和研究。1920年，他们聘请美国古生物学家葛利普来华担任中国地质调查所古生物研究室主任兼北京大学古生物学教授，为中国培养古生物学的人才。瑞典地质学家、考古学家安特生也接受了中国政府的聘请，在1914—1924年来华担任农商部矿政顾问，此时的地质调查所也归入了农商部。安特生除担任矿政顾问外，还从事中国新生代地质和化石材料的调查和研究。值得一提的是，1919年北京协和医学院聘请了加拿大医生步达生来华担任解剖科主任。他受马修的影响，也对在中国寻找古人类化石极为关注。各方面的因素促成了"北京人"在北京房山周口店的发现，使中国的古人类学、旧石器考古学和古脊椎动物学有了突飞猛进的发展。

1918年，安特生在周口店调查地质情况时，首先在周口店之南约2000米处发现了很多鼠类化石。因为石灰窑工人在这个地方采石时发现了很多像鸡骨一样的动物骨骼化石，因此把这个地方称为"鸡骨山"。

1921年，安特生同奥地利古生物学家师丹斯基又到鸡骨山采集化石。经当地工人指点，在鸡骨山以北2000米处，找到了更大的化石地点，名叫"龙骨山"，也就是"北京人"遗址。在这个地点，他们发现了许多大型脊椎动物的化石，其中使他们最感兴趣的是他们从未见过的肿骨鹿的头骨和下颌骨等骨骼化石。因为在含化石的地层中有外来的岩石，安特生预感到远古的人类很可能在这里居住过。

1926年夏天，师丹斯基在瑞典乌普萨拉大学的威曼实验室里，整理从周口店采集的化石时，发现了两颗人类的牙齿。他认为是属于人的，就把这个发现公布了。北京协和医学院解剖科主任步达生看了之后也认为是人的，从而对周口店极感兴趣和关注，开始与农商部地质调查所所长丁文江和翁文灏经常联系，准备发掘周口店一带。最初商谈的是中国地质调查所与北京协和医学院解剖科共同成立"人类生物学研究所"，由步达生与美国洛克菲勒基金会联系资助。后来丁文江、翁文灏建议把"人类生物学研究所"改为"新生代研究室"，作为中国地质调查所的分支机构。1927年2月，双方通过通信方式签订了"中国地质调查所和北京协和医学院关于研究第三纪和第四纪堆积物协议书"。协议书共有四款，大约是从1928年开始由洛克菲勒基金会资助22000美元，作为到1929年12月31日为止两年的研究专款。中国地质调查所拨款4000元补贴这一时期费用；步达生在双方指定的其他专家协助下负责野外工作，2～3名受聘并隶属中国地质调查所的古生物专家负责与本项目有关的古生物研究工作；一切标本归中国地质调查所所有，在人类材料不能运出中国的前提下，由北京协和医学院保管，以供研究之用；一切研究成果均在《中国古生物志》或中国地质调查所其他刊物以及中国地质学会的出版物上发表。新生代研究室1929年才正式成立，成员有名誉主任：丁文江、步达生；顾问：德日进①；副主任：杨钟健；周口店野外工作负责人：裴文中。

丁文江也特别关心周口店的发现。由于在周口店发现了人牙化石，他于1926年4月20日在北京崇文门内的德国饭店为安特生的荣誉和发现以及送别举行了一次宴会。他请的客人有：斯文·赫定、巴尔博、德日进、安特生、翁文灏、葛兰阶、葛利普、金叔初和李四光等中外地质学学者。菜单也是特制的，上边还印上了一个形似猿人、被称为"北京夫人"（Dame Pé kinoise）的头像，所有的客人都在菜单上签了名。

周口店的发掘实际上在1927年就开始了。当年地质调查所派地质学家李捷为地质师兼事务主任，瑞典古生物学家步林负责化石的采集和发掘工作，当时步达生估计整个周口店的发掘工作能在2个月内完成。发掘之后才发现这个地点范围之大、埋藏之丰富、问题之复杂，大大超过了原来的设想。那一年发掘土方近3000立方米，发掘深度近20米，获得化石材料近500箱。在工作结束的前3天，步林还在师丹斯基找到第一颗人牙化石的不远处，又找到了1颗人牙化石。

步达生对这颗人牙化石进行了仔细的研究，发现它是一个成年人的左下第一臼齿，与师丹斯基的发现很相似。为此步达生给它命名为"北京中国人"（Sinanthropus pekinensis），后来我国古脊椎动物学家杨

---

① 德日进　泰亚尔·德·夏尔丹（Teilhard de Chardin, 1881—1955）。法国哲学家、古生物学家。耶稣会神父。曾八次来到中国，到内蒙古、周口店等地进行古生物的发掘、考古工作，取华名德日进。主要著作有《人的现象》《人的未来》等。

钟健怕中国人看了后不容易理解，在"中国"两字之后加了个"猿"字，所以简称为"中国猿人"。后来葛利普给起了一个爱称叫"北京人"。魏敦瑞为研究"北京人"化石花费了很大心血，完成了几部巨著。随着古人类学的不断发展，猿人的名称被"直立人"所取代。1940年才改成"北京直立人"（Homo erectus pekinensis），简称"北京人"。

1928年第一季度过后，周口店的发掘又开始了。这一年李捷离开了周口店，由在慕尼黑大学、师从施罗塞攻读古脊椎动物学并获得博士学位的杨钟健接替。杨钟健回国前曾去过瑞典乌普萨拉大学研究过周口店的化石，对这项工作很熟悉，而且他还任中国地质调查所的技师。主持周口店发掘和日常事务工作的是刚刚从北京大学地质系毕业的、年方24岁的裴文中。这一年发掘的堆积物达2800立方米，获得化石500多箱。最令人欣喜的是发现了2件下颌骨：1件是成年女性的右下颌骨，另1件也是成年人的右下颌骨，上边还有3颗完整的牙齿。下颌骨是人类化石中比较珍贵的材料，这使步达生感到非常兴奋，又向美国洛克菲勒基金会争取到了4000美元的追加拨款。

经过两年的正式发掘，大家都感到周口店龙骨山有特别丰富的堆积。要想把它们都挖掘出来，短时期内不可能完成。而且要弄清龙骨山在地质学上的一些问题，还必须全面地了解周口店附近地区以及更广地区的地质状况。这些原因加速了"新生代研究室"的建立。"新生代研究室"将以更加广泛的综合研究计划来替代将要期满的周口店发掘计划。丁文江、翁文灏、步达生制订了研究方案、工作进度、资金预算，所需费用都由洛克菲勒基金会提供。1929年4月，中国农矿部正式批准了"新生代研究室"的组织章程，"新生代研究室"正式挂牌了。

1929年，步林加入了西北考察团离开了周口店，杨钟健同德日进到山西、陕西一带进行地质旅行调查，周口店的发掘工作由裴文中主持。裴文中接着上一年挖掘的地层往下挖，去掉非常坚硬的第五层的钙板，到第六层时化石明显增多，第七层更是如此，一天之中就能挖到100多个肿骨鹿的下颌骨，而且化石都很完整。在第八、第九层找到了几颗人牙，其中有1颗是齿根很长、齿冠很尖的犬齿，以前没有见到过，这使裴文中干劲倍增。秋季的发掘从9月底开始，越往下挖洞穴越窄，裴文中以为到了洞底。突然在北裂隙与主洞相交处向南又伸展出一个小洞。为了探明虚实，裴文中身上拴着绳子亲自下洞去，洞中的化石十分丰富，这使大家又来了精神。这时已到了11月底，冬天已经降临，还经常下着小雪，天气很冷。本来野外工作可以结束了，但见到有这么多的化石，裴文中临时决定再多挖几天。

1929年12月2日下午4时，太阳落山了，大家仍在不停地挖着。在离地面十来米深的小洞里更是什么也看不清，只好点燃蜡烛继续挖掘。洞内很小，只能容纳几个人，挖出的渣土还要一筐一筐从洞中往上运。突然，一个工人说见到了一个圆东西，裴文中马上下去查看，"是人头骨！"裴文中兴奋地大叫起来。大家见到了朝思暮想的东西，此刻的心情真是难以形容。是马上挖，还是等到第二天早上？裴文中觉得等到第二天时间太长了，便决定当夜把它挖出来。化石一半在松土中，一半在硬土中。裴文中先将化石周围的孔挖空，再用撬棍轻轻将它撬下来，由于头骨受到震动，有点儿破碎，但并不影响后来的黏接。取到地面上，因为怕它再破碎，裴文中脱掉外衣，把它包了起来，轻轻地、一步一步地把它捧回住地。附近的老百姓跑来看热闹，见到裴文中这么小心地捧着它，一再问工人："挖到了啥？"工人高兴地答道："是宝贝。"回到住地，裴文中连夜用火盆将它烘干，包上绵纸，糊上石膏，再用火烘，最后裹上毯子一点儿一点儿捆扎好。第二天，他派人给翁文灏专程送了信，又给步达生打了电报："顷得一头骨，极完整，颇似人。"步达生接到电报，欣喜之际还有点儿半信半疑。12月6日裴文中亲自护送，把头骨交到了步达生手中。步达生立即动手修理，当头盖骨露出了真实面目后，步达生高兴得到了发狂的地步。他说这是"周口店发掘工作的辉煌顶峰"。

12月28日，中国地质学会隆重召开特别会议，庆贺周口店发掘工作的突破性胜利，庆祝发现了中国猿人第一个头盖骨。会议由翁文灏主持，裴文中、步达生、杨钟健、德日进分别就发现头盖骨化石的经过以及有关中国猿人头盖骨及地质学研究等问题做了专题报告。与会的有科学界、新闻界等各方面的人士。在中国发现了猿人头盖骨的消息，通过媒体迅速传遍了中国，传遍了世界，它震动了整个世界学术界。贺电、贺信从四面八方飞向当时的北平，这其中就有美国古生物学界泰斗奥斯朋的贺电。在那时，中国猿人头盖骨的发现成了北平街谈巷议的新闻。

我是1931年春考进中国地质调查所的，被分配到新生代研究室当练习生。同时进调查所新生代研究室的还有刚从燕京大学毕业的卞美年。同年我们就被派往周口店协助裴文中搞发掘工作。在研究部门里，练习生虽属"先生"行列，但地位是最低的小伙计，买发掘用品、给工人发放工资、登记发掘记录、修理化石、装运化石、陪访问学者到各处查看地质、替他们背标本……总之什么活儿都得干，但我不觉得苦。只要有点儿时间我就和工人们一起去挖掘，对挖出来的动物化石，不懂就向工人请教，很快我就喜欢上了发掘工作。而裴文中看到我不懂的地方就耐心赐教，从不拿架子。卞美年一有闲暇，就带着我在龙骨山周围察看地质，不但给我讲解地质构造和地层，还教我如何绘制剖面图，我一直把他看作是我的启蒙老师。从他们那里我学到了很多东西。他们还不时地给我一些有关的书看，当时古人类学和古脊椎动物学刚在中国兴起，国内还没有专门的教科书，书全是英文的，看不懂就向他俩请教，我进步得很快，也越来越爱这门学科了。

1934年，患有先天性心脏病的步达生，因过度疲劳，在办公室内去世。1935年，裴文中到法国去留学。领导推举我主持周口店的发掘工作，那时我刚刚晋升为技佐（相当于助理研究员）。

就在这一年，美籍德国犹太人、世界著名的古人类学家魏敦瑞来华接替步达生的工作。来华之前，他就认为周口店发现了头盖骨、下颌骨和许多牙齿，但人体的骨骼很少，是由于发掘的人不认识的缘故。他来华之后没几天，就到周口店检查工作，之后又接二连三地到周口店勘察地层，并仔细观察工人们挖掘化石的工作，又考了考我关于食肉类动物的腕骨与人的腕骨有什么不同，我详细地做了解答，他很满意。最后他对周口店的工作信服地说："这么细致的工作，不会丢掉重要东西，是可靠的。""这样的方法据我所知，在世界上也是最好的。"

1936年，周口店的发掘任务仍是寻找古人类化石。魏敦瑞来北京一年多了，除了一些人牙外，没见到其他重要的材料，他心急如焚。其实我心中更是急得冒火。更使我们担忧的是，美国洛克菲勒基金会只同意再给6个月的经费，如果6个月后仍无新发现，洛克菲勒基金会可能会断绝对周口店的资助，新生代研究室也会散摊。此时，日本的侵华战争正在一步步向华北推进，中国地质调查所也随国民党政府南迁。已担任北平分所所长的杨钟健也为此事担心，三天两头地往周口店跑。他看到大家仍在兢兢业业、勤勤恳恳地工作，才放心了。

天无绝人之路。正当我们为找不到古人类化石而一筹莫展的时候，这一年的10月22日上午10时左右，当我们发掘到第八、第九层时，我突然看到两块石头中间，有一个人的下颌骨露了出来，我当时的高兴劲就别提了。我马上趴在现场，小心翼翼地把它挖了出来。下颌骨已经碎成几块，我们把化石拿回办公室修理、烘干、粘好，第二天送到魏敦瑞手中，他也高兴起来，长时间愁苦的脸上有了笑容。

下颌骨的发现，给大家带来了很大的鼓舞。11月15日，由于夜间下了场小雪，上午9时才开始工作。干活儿不久，技工张海泉在临北洞壁由他负责的方格内挖到了一块核桃大小的骨片。我离他很近，问是什么东西，他说："韭菜（碎骨片的意思）。"我拿起一看，不由得大吃一惊："这是人头骨！"我们马上用绳子把现场围了起来，只许我和几个技工在圈内挖掘，其余人一概不许进入。我们挖得非常仔细，连豆粒大的碎骨也不让遗落。在这半米多的堆积内，发现了很多头盖骨碎片。慢慢地，耳骨、眉骨也露了出来。这是个被砸碎的头盖骨，直到中午才把所有碎头盖骨全都挖了出来。接着又是清理、烘干、修复，把碎片一点儿一点儿对粘起来。

因为下颌骨的发现，有人断言"新生代研究室要时来运转了"。我们高兴的心情还没平静下来，下午4时15分，在距上午头盖骨的发现处的下方约半米处，又发现了另一个头盖骨。与上午那个相仿，均裂成了碎片。由于天色已晚，我派6个人保护现场，同时拍电报给北平当局。杨钟健没在家，去了陕西老家。他的夫人听到信息，四处打电话找到了卞美年。卞美年第二天早晨急急忙忙地跑去找魏敦瑞，魏敦瑞还没起床，听到消息后，从床上跳了下来，连裤子都穿反了。他火烧眉毛似的带着夫人、女儿同下美年一起，由他的朋友开着汽车赶到了周口店。当我们从柜子里拿出粘好的第一个发现的头盖骨时，魏敦瑞太激动了，手不住地发抖。他不敢用手拿，叫我们把它放在桌上，左看右看，看了个够。午后他又到第二个头盖骨的现场察看发掘情况，由于怕挖坏，挖掘的速度很慢。魏敦瑞只好带着第一个头盖骨返回了北平。第二个头盖骨的所有碎片直到日落西山才搜索完毕。11月17日我带着第二个头盖骨返回北平，把它交给了魏敦瑞。

真可谓"柳暗花明又一村"。11月25日夜里下了一场小雪，26日上午9时，在发现下颌骨的地点之南3米、之下约1米的角砾岩中又找到了1个头盖骨。这个头盖骨比前两个都完整，连神经大孔的后缘部分和鼻骨上部及眼孔外部都有，完整程度是前所未有的。当我再次把它交给魏敦瑞时，他竟"啊"了一声，两眼瞪着，发了很长一会儿呆，才缓了过来。

11天之内连续发现了3个头盖骨、1个下颌骨和3颗牙齿的消息，再一次震动了世界学术界，全国和全世界各地报纸纷纷登载这一消息。12月19日在中国地质学会北平分会上，邀请魏敦瑞和我做了报告。魏敦瑞说："我们非常荣幸，因为中国猿人在最近又有了新的发现：10月下旬发现猿人下颌骨1面，并有5颗牙齿保存；11月15日一天内，又发现猿人头盖骨2具及牙齿18颗；11月26日再次发现1个极完整之头盖骨。对于这次伟大之收获，我们不能不归功于贾兰坡君。"

以上说的只是"北京人"化石产地的发现。早在1934年，我们也曾在"北京人"遗址附近的山顶洞发现了山顶洞人共7个个体，同时还发现了大量的装饰品。山顶洞人的头骨与现代人的头骨相比，没有什么明显的差异，是属于距今1.8万年左右的晚期智人化石。

"北京人"头盖骨丢失之谜

有关"北京人"化石丢失之谜，很多的报纸杂志都有过报道，本来与这本小书没有什么关系，可是这件事已经过去半个多世纪了，仍经常有人问起。这说明很多人对"北京人"化石丢失这件事情始终不能忘怀。1998年，我与其他13名中国科学院院士一起签名呼吁"让我们继续寻找'北京人'"，北京电视台、中国科学院等单位还共同发起了"世纪末的寻找"活动。所以就此机会，我还想占点儿篇幅再向读者简单叙说一下丢失的情况。

1937年"七七事变"，日本帝国主义全面侵华战争开始了，不久北平就被日军占领了。由于日美还没有开战，北平协和医学院仍在照常工作。当时所有在周口店发现的"北京人"化石、山顶洞人化石以及一些灵长类化石，其中还有1个非常完整的猕猴头骨，都保存在协和医学院B楼解剖科的保险柜里。因为步达生和后来接替他的魏敦瑞都在那里办公。

1941年，日美关系越来越紧张，许多美国人及侨民纷纷离开中国。魏敦瑞也决定离开中国去美国纽约自然历史博物馆继续研究"北京人"化石。他走前曾嘱咐他的助手胡承志把所有的"北京人"化石的模型做好，先做新的，后做旧的，时间紧，越早动手越好。他还特别叮嘱胡承志，说在适当的时候，把所有的化石装箱，准备运往安全的地方保管。

大约在珍珠港事件①前3个星期，魏敦瑞的女秘书希施伯格通知胡承志把化石装箱。胡承志在征得裴文中的同意后，找到解剖科技术员吉延卿开始装箱。

装箱时非常仔细，先把化石用绵纸包好，再用卫生棉和纱布裹上，外边再包一层白软纸放入小木盒内，盒内也垫上卫生棉，然后分门别类装入两只没刷过漆的大木箱内，木箱与木盒、木盒与木盒之间还垫上了瓦楞纸。两只木箱一大一小，装好后，只在木箱上分别注上"A"和"B"的标记，随后送到协和医学院总务处长、美国人博文的办公室，后来箱子又由博文转运到了F楼4号保险库内。自此，"北京人"化石、山顶洞人化石及一些灵长类化石，其中还有1个极完整的猕猴头骨等全部没有了下落。

据说，珍珠港事件前，原打算把这两箱化石交给美国驻华大使詹森，托他找人带到美国交给当时中国驻美大使胡适保管，待战后再运回中国。美国大使詹森不敢接收，因为中美双方在成立"新生代研究室"时有协议："不能把所发现的人类化石运往国外。"后来还是当了国民党政府经济部长的翁文灏写了委托书，詹森才同意接收。装有化石的箱子被送往美国海军陆战队，又由美国海军陆战队运

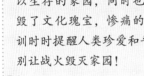

"北京人"化石不仅是中国的瑰宝，更是世界考古史上的丰碑。它的丢失，牵动着国人甚至全人类的心。战火摧毁了无数人赖以生存的家园，同时也摧毁了文化瑰宝，惨痛的教训时时提醒人类珍爱和平，别让战火毁灭家园！

---

① 珍珠港事件　1941年12月7日(星期日)，日本特遣舰队派飞机向美国太平洋舰队的珍珠港基地发动偷袭，击毁击伤美舰十余艘，击毁美机188架。次日，美国对日本宣战，太平洋战争爆发。

往秦皇岛，准备搭乘美国到秦皇岛接送海军陆战队和侨民的哈里森总统号轮船，前往美国。但哈里森总统号轮船在从马尼拉开往秦皇岛途中，正赶上太平洋战争爆发，这艘船被日本击沉于长江口外，所以化石根本没有上船，负责携带这批化石的美国军医威廉·弗利在秦皇岛被日军俘虏，从此这批世界文化瑰宝就失踪了。

日军占领了协和医学院后，日本就派了东京帝国大学人类学家长谷部言人和高井冬二两位助教来协和医学院寻找"北京人"化石。当他们打开B楼解剖科的保险柜，看到里面装的全是化石模型，才知道"北京人"化石被转移了。日本宪兵队到处搜寻，很多人都受到了连累。协和医学院总务处长博文，甚至连推车送化石到F楼4号保险库的工人常文学都被捉进宪兵队进行审讯。解剖科的马文昭教授可算是"二进宫"了，一次是为"北京人"化石，一次是为孙中山先生的内脏。其实这两件事都与他无关。裴文中在家中也受到讯问，并暂时没收了他的居住证。在那个时期，没有居住证是不能离开北平的，连上街行走都会遇到麻烦。

"北京人"化石丢失后，当时各大报纸都纷纷报道这一消息，再一次震惊世界学术界。日本天皇知道这一消息后，命令日军总司令部负

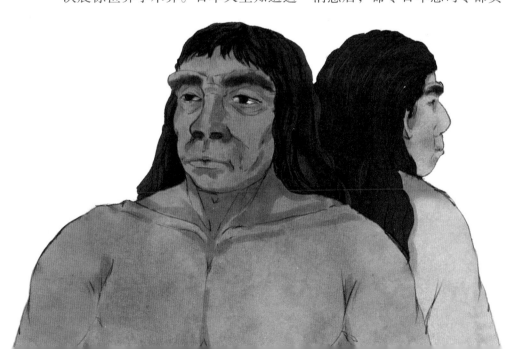

责追查化石的下落，日本军部又派了一名特务，专门到北平、天津、秦皇岛调查此事，但均无结果。从此传说纷纭，谣言四起。

日本投降后，中国国民党政府派代表团寻找被日本侵略者掠去的文物，其中没有"北京人"化石的标本。1946年5月24日，中国代表团的负责人、中央研究院院士、考古学家李济在给裴文中的信中说："弟在东京找'北京人'前后约5次，结果还是没找到。但帝大所存之周口店石器与骨器已交出，由总部保管。弟离东京时，已将索取手续办理完毕。"1949年4月30日，中国政府代表团团长朱世明向盟军总部递交了一份备忘录，里面附有一份详细的丢失化石的清单，请盟军对这批重要的科学标本协助进一步查询，仍是没有任何结果。

"北京人"化石的丢失，牵动着各界人士的心，好多人都自愿出钱出力，搜寻各种线索帮助寻找。但是绝大多数的线索没有任何价值。

1980年3月，我从瑞士驻华大使席望南处获悉，他认识当年准备携带"北京人"化石回美国的那位军医威廉·弗利博士。他非常愿意给弗利去信，就"北京人"化石丢失这件事叫弗利和我通信互相联系。弗利在给席望南大使的复信中说："请告诉贾兰坡教授，我对于寻找失落已久的标本仍然抱有希望。请他直接和我联系。"我很激动，因为珍珠港事件爆发后，弗利就成了日本人的俘虏。日本人后来一再声称他们并没把"北京人"化石弄到手，所以弗利就成了最后一个接触这批化石和掌握它们下落的线索的关键人物。而多少年来，很多人想方设法来套取弗利有关这方面的"口供"，但是他对一些关键性的细节始终守口如瓶。于是，我给弗利写了第一封信，表示愿意更多地了解有关"北京人"化石下落的情况。

1980年6月15日，我接到了弗利5月27日从纽约的来信："你那令人激动的来信我收到了。通过我们共同的朋友瑞士大使席望南的介绍，最后处理标本的科学家终于在多年之后和一位曾经受委托安全运送标本的官员相识了。多年来，我一直希望有这么一天。我的目的之一，就是要在我有生之年看到'北京人'化石安全回归北京协和医学院。""我确信它们没有被遗弃，而是被安全细心地保护着以待适当的时候重见天日。"

见了这封信，大家都很激动。瑞士大使对此事非常热心，打算请弗利秋季来华，并为他办理来华的一切手续。无奈因我9月要出访日本，只好请弗利改期。而弗利以"贾先生推托，恐怕另有难言之隐"多次向美国华人、运通银行高级副总裁邱正爵表示，要他访华，除非由中国国家领导人发出邀请。但后来条件越来越降级，改为由"政府邀请""科学院邀请"，最后由邱正爵做工作，改为由我出面邀请。我对弗利的狂妄态度深感不安，他提出的要求也太过分。1980年底，邱正爵访华并与我见了面。他还亲自到天津找到了弗利当年居住过的房子，仔细察看了房子内的情况，发现房子基本上保持着弗利描述的样子。但邱正爵回国后向弗利追问化石是否曾藏在那间房里时，弗利不置可否。邱正爵对弗利的态度也大为不满。

我也曾看过弗利在《71/72康奈尔大学医学院校友季刊》撰文介绍这段经历，他说化石不多，大概装在一打左右的玻璃瓶里时，我感到十分蹊跷，认为他见到的根本不是"北京人"化石。

他还说，他带着标本在秦皇岛等待登上美国轮船时，正赶上珍珠港事件，他被日军俘虏。因为他是医官，没有受到严格的检查，当把他们送往集中营时他还带着标本。当时不用说是个医官，就是再大的官也要接受检查呀！

我觉得弗利一点儿谱都没有，以后就跟他断了联系。

1980年9月中旬到10月初，纽约自然历史博物馆名誉馆长夏皮罗偕女儿访华，他听一位美国朋友告诉他，"北京人"化石曾藏在天津的美国海军陆战队兵营大院6号楼地下室的木板层下。他到了天津，在天津博物馆的协助下，找到了兵营旧址，这里已成了天津卫生学校，而6号楼在1976年唐山大地震时倒塌，已经改成了操场。据学校的工作人员说，这些建筑物的地下室从未铺过木板。夏皮罗虽然还带着1939年拍摄的兵营建筑照片，但早已面目全非了。

1996年初，一位日本人在临终前，告诉他的朋友，说二战时丢失的"北京人"化石埋在距北京城外东24米处，即日坛公园神道附近，在一棵松树上还做了记号。这位日本朋友辗转地告诉了中国政府。虽然中国专家不太相信，但还是对埋藏地点进行了技术探测，发现有点儿异常。科学院副院长做出了"抓紧时间，严密组织，保障安全，快速解决"的决定。6月3日上午正式动土发掘，前后近3个小时，没有结果。探测异常可能是由于钙质结核层引起的。

北京电视台、中科院古脊椎动物及古人类研究所等单位发起的"世纪末的寻找"上了电视和报纸后，我又收到了很多提供线索的来信，但绝大多数的来信没有任何价值。日本的一家通讯社也来信说，他们听闻在北海道有些线索，准备派人前往调查，但后来也没任何信息。

"北京人"化石是国宝，也是属于世界的、全人类的，有很重要的科学价值。在我有生之年，我当然希望能再见到它们，这也是我们老一辈科学家的心愿。这正像我们14名院士做出的"让我们继续寻找'北京人'"的呼吁所说的那样："也许这次寻找仍然没有结局，但无论如何，它都会为后人留下珍贵的线索和历史资料。并且它还会是一次我们人类进行自我教育、自我觉悟的过程，因为我们要寻找的不仅仅是这些化石本身，更重要的是要寻找人类的良知，寻找我们对科学、进步和全人类和平的信念。"

包括贾兰坡教授在内的14名院士向全社会发出呼吁，你如何理解他们话语中包含的深意？

"北京人"是最早的人吗

——一场四年之久的争论

裴文中发现了第一个"北京人"头盖骨,他工作上勤勤恳恳,能吃苦耐劳,我非常敬佩他。我在周口店协助他搞发掘时,一开始什么都不懂,他耐心地教我,从不拿架子,我也十分敬重他。自从发现了"北京人"头盖骨后,我俩在学术上产生了分歧。首先是关于有没有骨器的问题。1952年周口店建成了陈列馆,为了使周口店的发现能早日与参观者见面,我带领全体工作人员没日没夜地布置展台、填写标签。大家没有一点儿怨言,全体工作人员只有一个愿望:把陈列馆布置好,早日开放。我们的工作得到了竺可桢副院长和杨钟健的大力支持。预展之前,裴文中来了,当他见到展台里陈列着一些骨器时,大为恼火,问我这些是什么。我说:"骨器。"他叫我们打开展台,一边乱扒一边扔,还说:"这也是骨器?"原来布置得整整齐齐的展台,这下全乱套了。我红着脸争辩:"您的老师和您自己都承认'北京人'也制作过骨器使用嘛!这些都是选出来的打击痕迹很清楚的材料,怎么说它不是骨器呢?""那就等预展期间听听别人的意见再说吧!"等裴文中走后,我们又一件一件地把标本摆放好。

这件事传到了杨钟健的耳朵里,没想到杨钟健十分重视这点儿小事。他认为，对骨器的看法有分歧，就应把问题公开化，加以讨论。否则在一个陈列馆里各说各的，认识不统一，参观者更搞不明白，这就不像话。直到1959年，我才在《考古学报》第3期上发表了一篇题为《关于中国猿人的骨器问题》的文章。文章一开始，我对周口店关于骨器的研究、不同的意见和看法做了阐述。针对裴文中1938年发表于《中国古生物志》上的论著《非人工破碎之骨化石》所说的把碎骨之成因分啮齿类动物咬碎、食肉类动物咬碎、食肉类动物爪痕、腐蚀纹、化学作用、水的作用等几点，摆出了我的看法。

关于被石块砸碎的问题，我在文中写道：

洞顶塌落下来的石块把洞内的骨骼砸碎是完全可能的……砸碎的骨骼一般都看不出打击点，即使偶尔看出砸的痕迹，但它没有一定的方向，而又集中于一点上。同时被砸碎的骨骼在它的周围还可以找到连接在一起的碎渣。

关于人工打碎的痕迹的问题，我在文章中说：

问题是在于打碎的目的是什么。有人认为：打碎骨骼是为了取食里面的骨髓。这种说法并非不近情理……那么，是不是所有人工打碎的骨骼都可以用这个原因来解释呢？我认为不能，因为有许多破碎的骨骼用这一原因就解释不通。

我们发现了很多破碎的鹿角，肿骨鹿的角虽然多是脱落下来的，但斑鹿的角则是由角根地方砍掉的。这两种鹿的角，多被裁成残段，有的保存了角根，有的保存了角尖。肿骨鹿的角根一般只保存12～20厘米长，上端多有清楚的砍砸痕迹；斑鹿的角根保存的部分较长，上下端的砍砸痕迹都很清楚，并且第一个角枝常被砍掉。发现的角尖以斑鹿的为多，由破裂痕迹观察，有许多也是被砍砸下来的。在肿骨鹿的角根上，常见有坑疤，在斑鹿的角尖上，常见有横沟，很可能是使用过程中产生的痕迹。

有一些大的动物的距骨和犀牛的肱骨，表面上显示着许多长条沟痕，从沟痕的性质和分布的情形观察，可以断定它们是被当作骨砧使用而砸刻出来的。

破碎的鹿肢骨发现最多，特别是桡骨和距骨，它们的一端常被打成尖状，有的肢骨还顺着长轴被劈开，一头再打成尖形或刀形。此外还有许多的骨片，在边缘上有多次打击的痕迹。像上述的碎骨，我们不仅不能用水冲磨、动物咬碎或石块塌落来说明它，也不能用敲骨吸髓来解释……敲骨吸髓，只要砸破了骨头就算达到了目的，用不着打成尖状或刀状，更用不着把打碎的骨片再加以多次打击。特别是鹿角，根本无髓可取，更不能做无目的地砍砸。

对于被水冲磨的痕迹和被动物所咬的痕迹，我认为：

被水冲磨的碎骨很多……但是这种痕迹很容易识别……动物咬碎的骨骼和人工打碎的骨骼虽然容易混淆，但仔细观察，仍可以区别开来，因为牙齿（多用犬齿）咬碎的常常保持着上宽下窄条形的齿痕，而这种齿痕又多是上下相对应的。

被啮齿类动物咬过的痕迹是容易区别的，因为它们都是成组的、直而宽的条痕，好像是用齐头的凿子刻出来的；条痕之间有左右门齿的空隙所保留的窄的凸棱，而且由于上下门齿咬啃，条痕是上下相对的。

裴文中对我的意见提出了反驳，他在《考古学报》1960年第2期上发表了《关于中国猿人骨器问题的说明和意见》的文章。文章说：

我个人还有些不同意贾先生1959年的说法。我个人认为，打碎骨头，是因为骨质内部结构的关系，骨头破碎时自然成尖形或刀状。这不是中国猿人能力所能控制的，不是有意识地打成的。

……我个人不反对周口店的一些碎骨上有人工的痕迹。就是最保守的德日进也承认鹿角上有被烧的痕迹，也有人工砍砸的痕迹。但是他认为是为了鹿头在洞内食用时，携入有庞大的鹿角进出洞口时不方便，而将鹿角砍砸下来的。他的意见是鹿角被烧了以后，容易砸落，烧的痕迹可以证明是为了砍掉鹿角而遗弃不食……

裴文中的文章最后说：

贾先生应该不会忘记自己所说的话："骨片之中，虽有若干是经过人力所打碎，但是有第二步工作的骨器极少，如果严格地说，连百分之一都不足。"

我与裴文中的争论，都是学术问题，观点不同而争鸣在学者之间是很正常的。有时争得面红耳赤，但不伤感情，我们得到稿费时，还经常一起到饭馆"撮"一顿。

经过对"北京人"化石和伴生出土的哺乳动物化石的研究，以及对出土化石层的绝对年代的测定认为，"北京人"是生活在70万～20万年前，一般准确说法是50万～20万年前，属于直立人。对"北京人"所使用的工具——石器、骨器进行的研究说明，他们打制的石器已经很好，并有不同的分类，这证明他们根据使用上的不同，已能打制出不同类型的石器。"北京人"还会使用火，并能使火成堆不向四周蔓延，这也证明了他们可以控制火。50万年前的"北京人"能一下就懂得这么多吗？这些经验是需要很长时间的实践和总结，一代一代传授下来的。那么"北京人"能是最原始的人吗？

我和山西省考古研究所的王建都有相同的看法。而裴文中则认为"北京人"是世界上最早的人类，不会再有比"北京人"更早的人类了。我们认为裴先生的看法是把古人类学关上了大门，不利于这门学科的发展。因而我们写了题为《泥河湾期的地层才是最早人类的脚踏地》的短论，发表在1957年第1期《科学通报》上。

泥河湾期的标准地点在河北省西北部的阳原县境内，为一个东西长近百米、南北宽近40米的湖相沉积①，以前在国际上一直被认为是距今200万～100万年前早更新世地层的代表。我们在文章中这样写道：

中国猿人的石器，从全面来看，它是具有一定的进步性质的。我们从打击石片上来看，中国猿人至少已能运用三种方法，即摔击法、砸击法、直接打击法（锤击法）。从第二步加工上来看，中国猿人已能将石片修整成较精细的石器。从类型上来看，中国猿人的石器已有相当的分化，即锤状器、砍伐器、盘状器、尖状器和刮削器。这种打击石片的多样性和石器在用途上的较繁的分工，无疑标志着中国猿人的石器已有一定的进步性质。虽然如此，但也不容否认，中国猿人的石器和它的制造过程还保留着相当程度的原始性质。

人类是否有一个阶段是用"碎的石子儿，以其所成的偶然状为工具"呢？肯定是有的。但事实证明，这种人类不是中国猿人，而应该是中国猿人以前的、比中国猿人更原始的人类。假若没有这样一个阶段，就不可能有中国猿人那样的石器产生。因为事物是由简单到复杂、由低级到高级而发展的。同时很多事实表明，人类越在早期，他的文

---

① 湖相沉积　在湖泊中沉积的物质。可分为淡水湖泊沉积和盐湖沉积两类。湖相沉积通常出现水平层理，还可有干裂、雨痕和生物扰动构造等。

化进程越慢。那么中国猿人能够制造较精细的和种类较多的石器，这是人类在漫长岁月中同自然做斗争的结果。由此可见，显然与中国猿人时代相接的泥河湾期还应有人类及其文化的存在。

裴文中对我们的短论进行了反驳。1961年他在《新建设》7月号杂志上发表了《"曙石器"问题回顾》的文章。文章说：

至于说中国猿人石器之前有人工打制的"石器"，我觉得这种说法也难以成立。周口店第13地点的时代是要比第1地点较早一些，但周口店第13地点的石器，我们始终认为它仍然是中国猿人制作的。而且也只有1件石器，虽然它的人工痕迹没有人怀疑，但不能说是一种文化，或者说是中国猿人文化以外或以前的一种文化。更不能证明中国猿人之前，存在着另一种人类，如莫蒂耶所说半人半猿（Homosinia）之类的人一样。

至于说中国泥河湾期（更新世初期）有人类或有石器，我们应该直率地说，至今还没有发现同样的问题，也就是"曙石器"问题。在西方学者中曾争论了近百年，也有许多人尽了很大的努力寻找泥河湾期（欧洲维拉方期）的人类化石和石器，但都没有成功。如果欧洲的科学发展程序可以为我们借鉴的话，我们除了在一些基本原则问题上展开"争鸣"以外，是否可以做一些有用的工作，如试验、采集工作？这比争论现在科学发展还没到达解决时间的问题，或比在希望不大的地层中去寻找有争论的"曙石器"，可能更有意义一些。

我和裴先生对"北京人"是不是最原始的人的争论，引起了很大轰动。《新建设》《光明日报》《文汇报》《人民日报》《科学报》《历史教学》《红旗》等报刊上都发表了对此争鸣的文章和意见。参加这场争鸣的人除了我和裴文中外，还有吴汝康、王建、吴定良、梁钊韬、夏鼐（nài）等先生。大家都认为中国猿人不是最原始的人。

1962年，夏鼐在《红旗》第17期上，发表了《新中国的考古学》的文章，其中有这样一段话：

> 1957年山西芮（ruì）城县匼河①出土的石器，据发现人说，比北京猿人还要早一些。现在我们可以将我国境内人类发展的几个基本环节联系起来。最近，关于北京猿人是不是最原始的人这一问题，引起了学术界热烈的争鸣。有的学者认为，北京猿人已知道用火，可以说已进入恩格斯和摩尔根所说的人类进化史上的"蒙昧期中期阶段"，不会是最古老的、最原始的人。匼河的旧石器也有比北京猿人更早的可能。

到了这时，这场长达四年之久的争论才算停止。虽然没有争出个子丑寅卯（mǎo），但对这门学科是个大促进，它给这门学科也带来了很大的动力，大家为了寻找比"北京人"更早的人类遗骸和文化，拼命地工作，并为这门学科的发展带来了新的曙光。

从这长达四年之久的争论过程中，你能从学者身上学习到哪些可贵的品质？

---

① 匼（kē）河　地名，在山西。1957年，中国科学院古脊椎动物与古人类研究所在山西省运城市芮城县发现了一处旧石器时代的遗址，被命名为匼河遗址，又名匼河文化。1960至1980年，先后经过5次发掘，出土了肿骨鹿、扁角鹿、野猪、师氏剑齿象、东方剑齿象等动物化石。

找到了比"北京人"更早的人类化石

对待科学的态度，我认为人的头脑要围着事实转，不能让事实围着自己的头脑转。对的就要坚持，不管你面对的是外国的权威，还是中国的权威；错了就要坚决改，不改则会误人、误己。

科学是要以事实为依据的，争来争去，没有证据也是枉然。

1953年5月，山西省襄汾县丁村以南的汾河东岸，一些工人在挖沙时，发现了不少巨大的脊椎动物化石。山西省文物管理委员会接到报告后，派王择义前往调查。在县政府的协助下，征集到了1.1米长的原始牛角、象的下颌骨、马牙等动物化石，还有一些破碎的石器、石片和很像是人工打制的带有棱角的石球。同年，中科院古脊椎动物研究室的古脊椎动物专家周明镇到山西了解采集的脊椎动物化石的情况。他见到了这些石片，认为有人工打击的痕迹，就把动物化石和石片等都带到了北京，准备进一步研究。旧石器除周口店外，在我国发现很少，大家见到周先生带回的材料非常高兴，并把夏鼐、袁复礼等专家请来，一是观看标本，二是讨论丁村地点是否应该发掘。结果大家一致同意把丁村发掘工作作为1954年古脊椎动物研究室的工作重点。1954年6月，裴文中与山西省文管会的王建又到丁村进行了复查。由我任发掘队队长，裴文中、吴汝康、张国斌及山西省的王建、土择义等人参加，9月下旬到丁村开始发掘。我们先进行了普查，共发现了9处化石点，编号为54：90～54：98。后又在附近发现了5处，编号为54：99～54：103。前后共发现了14处。我们只选择了9处地点发掘，重点集中在54：98、54：99和54：100三个地点。我们共计发掘了52天，挖土方3320立方米，共采集包括蚌壳、鱼、哺乳动物化石、石器等40余箱。在54：100地点还发现了3颗人牙。后经吴汝康先生研究，认为人牙属于"北京人"与现代人之间的人类——丁村人。石器经我和裴文中研究，就时代而论，比周口店中国猿人（北京人）文化及第15地点的文化较晚，即属更新世晚期。但丁村文化是我国发现的一个旧石器时代中期文化，无论在中国和欧洲，以前都没有发现类似文化。最初我们推论丁村文化是山顶洞人和"北京人"之间的一个环节，我们把各地点的石器都作为同一个时期的石器来看待。随着进一步研究，才发现各地点的时代并不相同，各地点的石器类型也不一致。

丁村旧石器遗址的发现，证明了旧石器文化在中国有着不同的传统，并非只有周口店"北京人"一种传统。丁村人的时代也比"北京人"的时代晚。虽然还没找到比"北京人"更早的人类化石和文化，但这对于这门学科也是可喜可贺的。

1957年和1959年，为了配合三门峡水库①的建设，中国科学院古脊椎动物与古人类研究所（中华人民共和国成立后，新生代研究室归属中国科学院，在新生代研究室的基础上，1953年建立了中国科学院古脊椎动物研究室，1957年改为现名）在那一带做了许多工作。从发现的材料看，那一带是研究第四纪地质、哺乳动物化石和人类遗迹的重

---

① 三门峡水库　是黄河干流的第一个大型水利枢纽工程。位于河南省三门峡市和山西省平陆县境内，1957年4月13日正式投入使用。以防洪为主，兼有防凌、灌溉、发电和供水等综合效益。

要地点。1960年，我们把匼河一带作为年度工作重点，同年6月，我带队前往发掘，重点定为60：54地点。那里的地层剖面很清楚，最下面的是淡褐色黏土，时代应为距今100多万年的更新世早期。在这层上面含有脊椎动物化石和旧石器的桂黄色的砾石层，有1米厚；往上是4米厚的层次不平的交错层；再往上是20米厚的微红色土，夹有褐色土壤和凸镜体薄砾石层；最上面是很晚的细沙和沙质黄土。在这里我们发现了扁角大角鹿、水牛、师氏剑齿虎等哺乳动物化石。发现的石制品以石片为主，有大小石片和打制石片剩下来的石核以及一面或两面加工过的砍斫①器等。扁角大角鹿在周口店"北京人"地点最下层和第13地点也发现过，根据这种动物的生存年代和绝种年代，我们认为匼河地点的时代应划为更新世中期的早期。从石器上观察，"北京人"的石器在制作技术上比匼河发现的石器有进步。尽管匼河的石器也有早晚之分，我们都按同一个时代看待它们，无疑匼河的石器要早于"北京人"使用的石器，至少60：54地点的发现是如此。

虽然我们把重点放在匼河，但仍派出一部分人在附近搜寻新地点。在距匼河村东北3.5千米、黄河以东3千米的西侯度村背后，当地人称为"人疙瘩"的一座土山之下的交错沙层中，我们发现了1件粗面轴鹿的角，粗面轴鹿生活在200万～100万年前。在发掘粗面轴鹿角的过程中，还发现了3块有人工打击痕迹的石器。为了慎重起见，我们在《匼河》一书中，只说："其中还发现了几件极有可能是人工打击的石块。"1961年6月至7月间和1962年春夏之际，王建又主持了两次发掘。发掘都是在"自然灾害"等原因造成的全国都处在生活极端困难的情况下进行的。西侯度地点的地层剖面十分完整，总厚139.2米。产化石和石器的地层位于距底部79米之上的交错沙层中，有1米左右厚。从剖

---

① 斫（zhuó）砍；削。

面就能看出，含化石和石器的地层属于更新世早期。发现的哺乳动物化石有剑齿象、平额象、纳玛象、双叉麋鹿、晋南麋鹿、步氏真梳鹿、山西轴鹿、粗壮丽牛、中国长鼻三趾马等，它们都是更新世早期的绝灭种。与化石同层发现的石器，除1件为火山岩、3件为脉石英外，其余都是各种颜色的石英岩。在石器组合中，有石核、石片、砍斫器、刮削器和三棱大尖状器，最大的石核有8.3千克重。我和王建在研究了这些石器后，写了《西侯度——山西更新世早期古文化遗址》一书。

西侯度遗址的发现，使更多的人确信"北京人"不是最早的人类，这从文化遗存上得到了证实。但能不能找到100万年前的人类化石呢？

1959年，地质部秦岭区测量大队的曾河清在一次三门峡第四纪地质会议上，介绍了陕西省蓝田县泄湖镇的一个第三纪和第四纪的剖面。同年，中国科学院地质研究所的刘东生先生也到泄湖镇采集脊椎动物化石标本，并对第三纪地层做了划分。根据这条线索，中国科学院古脊椎动物与古人类研究所于1963年6月派出张王萍、黄万波、汤英俊、计宏祥、丁素因、张宏等6人组成的野外工作队，到蓝田县一带开展了系统的地质古生物调查和发掘。7月中在距蓝田县西北10千米的泄湖镇陈家窝村附近发现了一个完好的人类下颌骨和一些石器。下颌骨经吴汝康先生研究是距今60万～50万年前的直立人下颌骨。吴先生定名为"蓝田猿人"。这一发现巩固了蓝田地区在学术上的重要地位。

1963年第四季度，全国地层委员会扩大会议在北京举行。会上提出中国科学院古脊椎动物与古人类研究所与其他单位协作，再次对蓝田地区进行大范围的新生代（从六七千万年前到现在）时期的地层的详细调查。参加这次调查的有地方部门、大专院校和中国科学院有关研究所共9个单位，对这一地区的地层、地貌、冰川、新构造、沉积环境、古生物、古人类和旧石器考古等涉及的领域进行综合性的考察和研究。古脊椎动物与古人类研究所除了参加地层调查工作外，还承担古生物、古人类和旧石器的发掘和研究。

1964年春，所里派遣了以我为队长、由赵资奎等人组成的发掘队，对蓝田地区新生界进行了更大规模的调查和发掘。经过3个月的努力工作，我们不仅填制了450平方千米的1∶50000新生代地质图，实测了30多个具有代表性的地质剖面，还发掘出大量的脊椎动物化石和人工石制品。5月22日在蓝田县城东17千米的公王岭发现了1颗人牙。当我赶到发现地点，天下着小雨，大家正围着大约1立方米被钙质结胶的土块商量。土块上露出了很多化石，化石很糟朽，一不小心，就会把化石挖坏。能否整块地运回北京，再慢慢地修理？经过讨论，大家决定用"套箱法"，即用大木箱将土块套起来，再将土块底部挖空，把箱子扶正，往空隙处灌上石膏。这一箱被钙质结胶在一起的化石运回北京后，经过技工几个月的修理，除了修出来哺乳动物化石外，10月19日还修出了1颗人牙。几天后又出现了1个人的头盖骨、1个上颌骨和1颗人牙。

人类化石经吴汝康先生研究认定是距今110万年前的直立人头骨。吴先生也把它定名为"蓝田中国猿人"。其实公王岭的头骨应称"蓝田直立人"，简称"蓝田人"，而陈家窝的下颌骨从构造看应属"北京人"。

蓝田直立人的发现，又一次在国内外引起轰动，这是继20世纪20年代末、30年代中期周口店发现"北京人"之后，在我国发现的又一个重要的直立人头骨化石。它不仅扩大了直立人在我国的分布范围，而且把直立人生存的年代往前推进了五六十万年，从而给在我国有没有比"北京人"更早的人的争论上画上了圆满的句号。

随之，1965年在我国的云南省元谋盆地上那蚌村附近的小丘梁发现了2颗人的上门齿，经研究测定，为170万年前的直立人化石。1998年在四川省巫山县的龙骨坡也发现了200万年前的石器，安徽省繁昌县也发现了240万～200万年前的石器。这证明了人类的历史越来越提前。

轻松一课

一、人类起源概况

有关人类起源的科学认识得来不易，从蒙昧时代盛行的"神创论"到"人猿同祖"观念深入人心，经历了漫长的时间。在这一过程中，无数人对推动人类起源的科学认识起到了巨大的作用。试着回想一下有关人类起源的认识的发展过程，然后完成下面的题目。

	时间	贡献/观点	意义
查尔斯·达尔文			
托马斯·赫胥黎			
汤姆森			
威廉·金			
尤金·杜布瓦			

二、化石资料卡

　　自裴文中在周口店发现了第一个"北京人"头盖骨化石后，我国考古事业陆续迎来重大发现：丁村人、蓝田人的被发掘，让我国考古事业迈上了一个新的台阶。同学们，试着回想一下阅读过的内容，查阅相关资料，完成下面的卡片，记得与小伙伴们一起交流、分享哦。

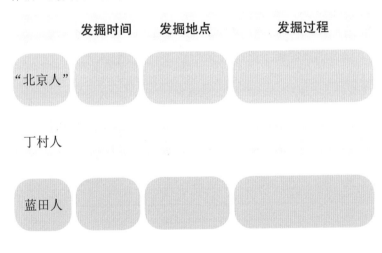

	发掘时间	发掘地点	发掘过程
"北京人"			
丁村人			
蓝田人			
元谋人			

阅读小贴士

随着古人类学和旧石器考古学的不断发展与壮大，珍贵的古人类化石和古人类使用的石器不断地被发现，人类起源于猿的说法得到了科学的论证。因此，古人类学者和旧石器考古学家们开始把目光转向其他引人注目的研究方向和课题。

与此同时，21世纪古人类学者的三大课题也开始成为学者们研究的重要对象。

人类起源的演化过程

　　周口店发现了"北京人"头盖骨之后，人们对人类起源的认识大为改观。过去反对人类起源于猿，说"人就是人，怎么能是从猿猴变来的呢"的那些人沉默了。在周口店不但发现了人的头盖骨，而且还发现了人工打制的工具——石器以及骨器、鹿角器、灰烬、烧石、烧骨等人为证据。我曾说过这样的话："'北京人'解放了其他国家所发现的早期人类化石。"

思考一下，作者说的这句话有什么含义。

　　随着社会不断地前进，古人类学和旧石器考古学不断地发展和壮大，许多珍贵的人类化石和他们使用的石器在世界各地不断地被发现，古人类学基本上已经能够较完整地向人们展示人类演化的历史全过程。尽管我们对人类进化过程的认识仍存在很多缺环，有些问题还有很大的分歧和争议，但人类起源于猿再没有人反对了。

　　既然人是从猿进化来的，人猿同祖，那么，人、猿、猴的祖先又是什么样的呢？这就要先了解灵长类的起源。

　　最古老的灵长类，也就是人类及现代所有猿猴的共同祖先，可上溯到6500万年前的古新世。这种动物不像猴，倒像松鼠，是爱在地上乱窜、专门以昆虫为食的胆小哺乳动物。在古新世，地球上到处都是热带森林，在这大片的森林中有很多很多外形像老鼠的哺乳动物，像今天的田鼠、鼹鼠、豪猪等都是它们的近亲。可能树上的食物比地上的丰富，有一些像老鼠一样的早期哺乳动物开始爬上了树，以果实、昆虫、鸟蛋及幼鸟为食。今天仍有这种早期灵长类的后裔，人们称它们为"原猴"，其中包括狐猴和眼镜猴。这些原猴几千万年以来，体形骨骼几乎没什么变化，因为它们非常适应这样的生活环境。但是另外一些种类的原猴变化很大，它们随着环境、气候或其他与之生存相关的动物的变化，可能影响到物种的演变。这种变化大的原猴，由于树栖生活的缘故，它们的后肢变长，前爪渐渐失去了像鼠类那样的尖爪，变成了扁平的指甲。以后它们出现了特有的神经系统，能控制肌肉运动。特别是立体视觉的产生，大幅度地转动脑袋，使它们能准确地判断距离。大脑不断地频繁处理从感觉器官传来的信息，并指挥四肢运动，所以大脑的进化和相对体积也都比其他动物大。到了3800万年前的始新世晚期至渐新世早期，至少已经有了较为高等的灵长类。

有一种叫"副猿"的灵长类，它们的颌骨和牙齿与现代原猴类相近，是现代的眼镜猴或狐猴的祖先；还有一种叫"原上新猿"，它们身体的大小和一些结构细节与长臂猿相近；再有一种叫"埃及猿"，它们的牙齿结构是典型的猿类，行动方式上也显示出了高等灵长类的特点。这类灵长类化石于1966年在埃及法尤姆大约3200万年前的渐新世地层中被发现，一些科学家认为很可能是人和猿的共同祖先。

在亚、非、欧三大洲距今2000万～1400万年前的中新世地层中，出土了许多被称为森林古猿①的化石。1956年，在我国云南省开远小龙潭的煤层中发现了一些牙齿，也被定为森林古猿。森林古猿的化石发

---

① 森林古猿　一组种类庞杂的化石猿类。发现于亚洲、欧洲和非洲广大地区的中新世和上新世地层中，其化石遗骸有头骨、上下颌骨、牙齿和四肢骨等。

现很多，且与黑猿较相似，但一些特征很像猴子。人们发现森林古猿的个体差异很大，有的很小，有的很大，有的在大小之间。一些科学家认为人类有可能是由某个地方的森林古猿种群演化来的。

1932年，美国古人类学家路易斯在印度和巴基斯坦交界处的西瓦拉克山发现了一件中新世晚期的灵长类右上颌残片，将它称为拉玛古猿。它的齿弓不像其他猿类那样呈两侧缘，而几乎是平行的U形，显示出似人类的抛物线形。猿类有很长的犬齿，而人类的犬齿很小，拉玛古猿的犬齿也很小。拉玛古猿的生存年代估计在1000万～800万年前。与拉玛古猿伴生在一起的还有另一种猿类化石，被称为"西瓦古猿"。它与拉玛古猿很相似，只不过拉玛古猿具有一些似人的性状。从20世纪50年代以来，一些专家把拉玛古猿看作是人类演化中最古老的猿类祖先，曾被称为"尚不懂制造石器的人类的猿型祖先"。也有一些学者认为拉玛古猿和西瓦古猿是同一类古猿，只是性别的差异。而拉玛古猿与人无关，只是亚洲的褐猿的直系祖先。

到目前为止，究竟哪类古猿是人和猿的共同的祖先，众说纷纭，有待于新的材料的发现和更深入的研究。

1924年，在南非（阿扎尼亚）的塔昂，采石工人发现了一具似人又似猿的残破头骨，经南非约翰内斯堡维特瓦特斯兰德大学解剖学教授利芒德·达特研究，认为这是一具6岁左右的幼儿的头骨，全套乳齿保存完整，臼齿的恒齿已开始长出，犬齿像人一样很小，并能直立行走。这具塔昂幼儿头骨可能代表了猿与人的中间环节，被定名为"非洲南猿"。1925年，达特在英国《自然》杂志宣布了这一发现，声称找到了人类的远祖。但是，在当时，这一发现遭到了各方面的怀疑而被埋没了很多年。南非比勒陀利亚特兰斯瓦尔博物馆脊椎动物馆馆长罗伯特·布鲁姆认为达特的判断是对的，只不过没有足够的证据。经过他多年的不懈努力，终于找到了不少南猿的化石材料。这些南猿化石有两种类型，一种叫纤细型南猿，一种叫粗壮型南猿。而且南猿能直立行走，是早期人类的祖先。

在以后，非洲有很多地方发现过南猿化石。如南非的塔昂、斯特克方丹、克罗姆德莱、斯瓦特克兰斯、马卡潘斯盖等，东非坦桑尼亚的奥杜威峡谷、肯尼亚的图尔卡纳湖东岸、埃塞俄比亚的奥莫河谷等地区都有发现。亚洲南部也有可能找到他们的踪迹。

1974年，在埃塞俄比亚的哈达地区找到了一具保存达40％的骨架遗骸。这是一个十分矮小纤细的南猿，被称为"露西少女"。这是一种新的、更古老、更原始的南猿，被定名为"南猿阿尔法种"，经年代测定，生活在330万～280万年前。此后又掀起了寻找人类祖先的高潮。

肯尼亚内罗毕柯林顿纪念博物馆的馆长路易斯·利基夫妇及儿子、儿媳，多年来一直为寻找人类的远祖和石器的制造者默默地在东非工作着。1950年，老利基夫妇在东非坦桑尼亚奥杜威峡谷找到了一个头骨。这个头骨从外表上看很像粗壮南猿，臼齿很大，但仔细观察牙齿更像人的。利基将它定名为"东非人鲍氏种"。后来这具头骨归属南猿类的一个种，叫"南猿鲍氏种"。1959年，利基夫妇又在奥杜威找到了简单的、用鹅卵石制造的工具，被称为"奥杜威工具"。1960年，利基的儿子又在东非距发现东非人不远的地方发现了牙齿和骨片，这些比鲍氏种甚至比纤细型南猿更具有人的特点。利基将这具化石定为"能人"，认为这些"能人"是石器工具的制造者。这一看法被大多数学者所接受。

根据目前发现的化石材料看，学者们对人类的早期演化得出了大概的轮廓：

1. 人与猿至少在500万年前就分道扬镳了。

2. 400万～250万年前，远古人类在进化过程中，分成不同的几支，先进的与落后的同时并存。

3.先进的一支继续向着直立人发展。落后的类型逐渐地灭绝。

"能人"再进一步进化，就成了直立人，他们生活在170万～30万年前。过去将他们称为"猿人"，比如"爪哇猿人""中国猿人"（也称"北京猿人"）"蓝田猿人"等。实际上，现在看来直立人是人类在进化过程中的一环，他们会打制不同用途的石器，有用火的文明史，而且脑量已达1000～1300毫升；下肢与现代人十分相似，说明其直立姿态已很完善。所以我们现在将他们称之为人，如"北京人"、蓝田人、元谋人等。虽然把这一阶段的人在学术上称为直立人，但并不能说明南猿和"能人"不能直立行走。在人类起源整个过程中，人们最初对于直立人（猿人）的全面认识，主要来自"北京人"的发现及对其文化的研究。所以1929年，裴文中在周口店发现的第一个"北京人"头盖骨在研究人类起源过程中占有重要的地位。

前面我们已经介绍了直立人发现的经过。直立人再进化就到了智人阶段，他们生活在20万～1万年前，智人特别是晚期智人与现代人在体质上基本上没有多大的区别。

人类使用工具也是人类起源的证据

人是从猿进化来的，人与猿的真正区别在于人会制造工具。所以我一直认为，在从猿向人类演化的过程中，只有能制造工具时，他们才算是人了。

由于气候和环境的变化，热带和亚热带的森林逐渐减少，丰富的地面食物促使古猿从树栖生活开始向地栖生活转化。为了取食、防御猛兽的侵害、谋求生存和发展，它们不得不借助其他物体，来延长自己的肢体，弥补自身的不足。频繁地使用木棍和石块，慢慢地成了地面生活不可缺少的条件，这也意味着从猿到人的转变过程随之开始了。这些人科动物因频繁使用天然物，上肢逐渐从支撑身体的功能中解放出来，形成了灵巧的双手。上肢变短，拇指变长并能与其他四指相对，以便灵巧地捏、拿、握任何物体。整个下肢增强、变长，为了适应地面行走，大脚趾与其他四趾变短并靠拢，脚底形成有弹性的足弓和发达的后跟，逐渐形成了人的腿和脚。

特别是骨盆的变化更大，猿的半直立的狭长的骨盆开始向短宽强壮的人类骨盆发展，这说明人科动物正在向人的直立姿势进化。直立的姿势对身体结构也产生了一系列的深刻影响，例如，头部挺起来了，不再向前倾，颅骨的枕骨大孔位置由后逐渐前移；身体重心不断下移，脊柱逐渐形成S形弯曲；内脏器官的排列方式改变，大部分重量不压在腹壁上，而朝下压在了骨盆上，等等。

人与灵长类的区别，表现在直立行走、制作和使用工具、有发达的大脑和语言上。双手使用天然工具，促使身体朝着直立发展，而直立又反过来进一步解放了双手。随着思维活动的增强，大脑也逐渐发达起来，脑量增加了。产生了原始语言，也增强了自觉能动性。从使用天然工具逐步变成了制作适手的工具，最后到制作各种不同用途的工具，从猿到人的演化已经基本完成了。所以说古人类使用的工具，也是人类起源的最有力的证据。而古人类使用的石器和其他物品均称为"物质文化"或"文化"。早期人类由于认识能力和技术水平很低，当他们需要找比较坚硬的材料制作工具时，最现成的原料就是石头。石头取材方便、加工简单，何况在不会制作石器之前，他们就使用天然石块做武器或工具了。随着对石块认识的加深，他们开始有选择地使用带刃的、较为锋利的石块，用钝了就扔。人类活动的频繁和复杂化，使人类懂得了制作简单的工具。随后对原材料的选择也有了进一步的认识。石器的加工也日益精致，最后能按不同的用途加工成各种各样的形状。

石器加工的粗糙与精致，除了技术原因外，原材料也是一个很重要的因素。古人类所处的生活环境中，有优质的原材料，就能打制出很精美、很锋利的石器；没有优质的原材料，打制出的石器就很粗糙。为了寻找优质材料加工石器，他们把选择优质石料作为一项重要的采集工作，或把优质石料的产地当作他们的采集场或石器加工场。

目前，根据对旧石器时代的石器的发现、研究和比较，石器可以分成砍砸器工艺类型、手斧工艺类型、石片（石叶）工艺类型。砍砸器和手斧类型多是重型工具，石片（石叶）类型则是轻型工具。有些学者认为重型石器多为住在森林中的人使用，工具的用途以砍伐树

木、敲砸骨头和坚硬的果实为主；轻型工具（最小的不足1克，大的也只有10多克）可能为草原中人所使用。按这种说法推论，同一地点发现的石器有大有小，就是居住的环境既有森林，也有草原了。"北京人"当时在周口店居住的环境就是如此，所以其地点发现的石器有大也有小。

世界各地发现的石器各不相同，这只是从总体上来看的，相同的类型有时也有，只是比例上有大有小而已。欧洲发现的石器多是用石核或厚石片两面打成的，又称作"两面器"。这种石器在欧洲占有主要的地位。我国的石器多数是石片再加工成的，虽然也有石核打制成的石器，但比例不大。相反，在欧洲发现的石器虽然也有石片石器，但为数较少，在打击石片、制作方法和器形上也与我国的不同。

随着人类历史的发展，人们认识到了强化生产活动和工具使用的效率这个问题。旧石器时代的中晚期已有磨光石器被零星使用，磨光石器一直被认为是新石器时代①的代表性物品。磨光石器一般被认为与砍伐树木、开田务农有关。虽然打制的石斧也能砍伐树木，但很容易变钝，需要经常修理，而修理后的石斧又不如原来的锋利，大大影响了工具的使用寿命。经过磨光后的石器，表面光滑，刃口平直，砍伐时的阻力比不磨光的小得多。虽然磨光一件石斧要比打制一件石斧花费的时间长得多，费力也多，但它们的使用寿命也长，使用时也很省力。有一项试验表明，一件磨光的石斧在4个小时里砍伐了34棵树之后，刃口才变钝。随着农业的出现，在农耕中采用磨光的石锄和石锛有着极大的优越性。从此以后磨光石器应运而生。

长期以来，把磨光石器作为新石器时代的代表器物的同时，也把

---

① 新石器时代　考古学分期中石器时代的晚期，约开始于八九千年以前。这时人类已能磨制石器，制造陶器，并且已经开始有农业和畜牧业。

陶器视为新石器时代的一种标志。陶器的发明和使用，与人类农耕定居活动有着密切的关系，与人类生活方式的变化有关。陶器的功能一般用于贮藏和炊煮食物。但在陶器发明之前，在旧石器时代晚期，制陶技术就已经出现，那时只是用焙烧方法制作陶像，还没想到用这种方法也能烧制容器。制陶工艺在2.8万～2.4万年前开始出现，而陶器的出现要晚14000年左右。

如何划分旧石器时代和新石器时代，学术界现在还没完全统一认识。有的学者在旧石器时代和新石器时代之间又划出一个"中石器时代"，但我并不赞成这种划分。我国早在28000年前就有了磨制技术，农耕的出现也比估计的要早。距今13000年前就发现了陶片，所以我认为陶制品就是很好的凭证，只要有了陶器，那么就可以称为新石器时代了。

人类诞生在地球历史上的位置

　　人类进化的历史已经有几百万年了。但与地球的历史相比较，也只不过是很短很短的事。尽管早期的人类化石材料不断地被发现，人类的历史也越来越提前。根据我个人的观点，人类的历史已经有400万年了，但与地球的历史相比也只是一瞬间。

　　现在探索的结果是，地球的形成已有45亿～50亿年了。根据地史学的研究和国际上的统一规定，整个地球的历史分为五个大的阶段，这五大阶段称作"代"：太古代、元古代、古生代、中生代、新生代。每个代再分成若干个次一级的单位，叫作"纪"；每个纪再分成若干个再次一级的单位，叫作"世"。还有的国家和地区，把"世"又分成若干"期"。

　　太古代，地球形成之后，很长一段时间内是没有生命的，生命还处在化学进化阶段，这个年代距离我们今天太遥远了。

　　元古代，大约距今17亿年前，地壳发生了一次大的变动，生物界出现了一次大的飞跃，生命从化学进化阶段一跃而进入了生物进化阶段，有生命的物质开始出现。元古代又分成前震旦纪和震旦纪。元古代的早期叫作前震旦纪，晚期大约开始于24亿年前，结束丁5.7亿年前，叫作震旦纪。

古生代，大约在距今5.7亿年前，地球的环境又发生了一次大的变动，促使生物界出现了一次空前的大飞跃，大量的古代生物开始出现在地球上。古生代分成了六个纪：寒武纪，始于5.7亿年前，结束于5亿年前；奥陶纪，始于5亿年前，结束于4.4亿年前；志留纪，始于4.4亿年前，结束于4亿年前；泥盆纪，始于4亿年前，结束于3.5亿年前；石炭纪，始于3.5亿年前，结束于2.85亿年前；二叠纪，始于2.85亿年前，结束于2.3亿年前。

中生代，大约在二叠纪末期，由于环境适宜，地球上的脊椎动物大量涌现，特别是爬行动物空前繁盛。各种"龙"特别多，水中有鱼龙，空中有翼龙，陆上有各种恐龙[①]，所以中生代又被称为"龙的时代"。中生代划分为三个纪：三叠纪，始于2.3亿年前，结束于1.95亿年前；侏罗纪，始于1.95亿年前，结束于1.35亿年前；白垩（è）纪，始于1.35亿年前，结束于6700万年前。

新生代，在中生代末期，地球的气候突然发生变化，也有人认为是彗星撞上了地球，植物大量毁灭，引起了生物界的连锁反应，以植物为生的动物大批大批灭绝，又给以食肉为生的动物带来了死亡的威胁。总之，在地球上称霸一时的各类恐龙大批绝灭，而在中生代出现的一支弱小的哺乳类动物，得到了生存和发展的机会，派生出很多支系，使地球上的生物出现了一个崭新的面貌，地球也进入了一个更加繁荣的新时代。新生代分两个纪：第三纪和第四纪。第三纪又划分为五个世：古新世、始新世、渐新世、中新世、上新世。第四纪分为两个世：更新世和全新世。

人类是在第四纪开始出现和进化的，比起地球的历史当然是一瞬

---

① 恐龙　古爬行动物，种类很多，大的长达几十米，小的不足一米，生活在陆地或沼泽附近。繁盛于中生代，在中生代末期灭绝。

间的事。有一位科学家打了一个通俗的比喻，如果把地球的历史比作一天的24小时，那么1秒相当于地球历史的5万年。按现今的发现，把人类的历史按300万年计算，人类的出现只相当于24小时的最后一分钟。

午夜零点	地球形成
5时45分	生命起源
21时12分	鱼类产生
22时45分	哺乳类动物出现
23时37分	灵长类出现
23时56分	拉玛古猿出现
23时58分	南方古猿出现
23时59分	"能人"出现
午夜前30秒	直立人（猿人）出现
午夜前5秒	智人出现

第四纪开始的重要标志是人类的出现。由于古人类化石不断地被发现，而且人类化石的年代越来越早，所以第四纪起始的年代也越来越往前提。20世纪二三十年代，在古人类学和考古学研究领域中，一般认为"北京人"是属于更新世早期的人类。第四纪起始年代定为距今约60万年前。随着爪哇人被承认为直立人阶段的古人类，而且年代比"北京人"还要早，国际地质学会1948年在伦敦的会议上，把欧洲的维拉方期和中国的泥河湾期划归为更新世早期，"北京人"生活的时代为更新世中期，第四纪起始年代改为约100万年前。到了20世纪60年代，超过100万年的古人类化石又不断地有了新发现。第四纪起始年代又前推到了200万～150万年前。近十多年，非洲大陆不断地有更早的

人类化石发现，第四纪起始年代又推到300万年前。

我认为，根据目前的发现，必将在上新世距今400多万年前的地层中找到最早的人类遗骸和最早的工具，（人）能制造工具的历史已有400多万年了。

1989年，在美国西雅图举行的"太平洋史前学术会议"上，我曾建议把地质年表中的最后阶段"新生代"一分为二，把上新世至现代划为"人生代"，把古新世至中新世划为新生代。我认为这样的划分比过去的划分更明确。

21世纪古人类学者的三大课题

随着我国的改革开放，经济上的崛起，科教兴国政策的实施，在科学和文化领域必将有一个崭新的面貌。有人称21世纪是中国在各方面全面发展的世纪。从20世纪初我国兴起古人类学、旧石器考古学，到目前为止，人类起源的时间、人类起源的地点、人类在演化过程中先进与落后的重叠现象这三大课题都还没有一个满意的答案，这将是这门学科在21世纪的主要研究课题，也是古人类学研究中最引人注目和最富有吸引力的课题。

人类起源的地点，最初有人认为是欧洲，因为欧洲研究古人类的历史较早，最早发现的古人类化石也在欧洲。随着古人类学的发展，古人类化石和文化的不断发现，"欧洲起源说"没人赞同了，就连欧洲的学者也承认人类起源地不在欧洲。后来非洲发现了古人类化石，有人把目光转向了非洲，说人类起源于非洲。当亚洲有了更多的古人类化石发现后，又有人认为亚洲是人类的发祥地。这个问题直到现在还在争论。

美国学者马修1911年在纽约科学院宣读了《气候与演化》的论文（1915年正式出版），论文中他支持1857年利迪提出的人类起源于"中亚"的论点。利迪认为，在中亚高原或附近地带出现了最早的人类。不过利迪的论点在当时没有得到人们的接受和重视。美国人类学家奥斯朋1923年提出：人类的老家或许在蒙古高原。他认为最初的祖先不可能是森林中人，也不会从河滨潮湿、多草木、多果实的地方崛起。只有高原地带环境最艰苦，人类在那里生活最艰难，因而受到的刺激最强烈，这反而更有益于演化，因为在这种环境中崛起的生物对外界的适应性最强。

我的观点是，人类起源于亚洲南部即巴基斯坦以东及我国的西南广大地区。这是因为1965年在我国云南省元谋盆地发现了170万年前的元谋直立人牙齿，1975年在云南省开远县①和禄丰县发现了古猿化石，这种最初定名为拉玛古猿的化石出土的褐煤层，距今有800万年的历史，处于中新世晚期到上新世早期。这种古猿最带有人的性质，被称为"尚不懂制造石器的人类的猿型祖先"。在元谋县班果盆地也有人型超科化石的发现。

1975年，中国科学院古脊椎动物与古人类研究所的专家们，到喜马拉雅山脉中段和希夏邦马峰北坡海拔4100～4500米的古陆盆地考察，发现了时代为上新世（距今500万～200万年前）的三趾马动物群。除三趾马外，还有鬣狗和大唇犀等。从三趾马的生态环境看，那里多是森林草原的喜暖动物。根据当地孢子的花粉分析，此地曾生长椎（zhuī）木、棕榈②、栎树、雪松、藜（lí）科和豆科植物，这些都属于亚热带植物。

1966—1968年，中国科学院组织的珠穆朗玛峰综合考察队，连续三年在那里进行考察和研究。郭旭东先生发表了论文，认为在上新世末期（约200多万年前），希夏邦马峰地区的气候为温湿的亚热带气候，

---

① 开远县　今云南省开远市。

② 棕榈（lú）　常绿乔木，茎呈圆柱形，没有分枝，叶子大，有长叶柄，掌状深裂，裂片呈披针形，花黄色，核果长圆形。供观赏，木材可以制器具。

年平均温度为10℃左右，年降水量2000毫升。喜马拉雅山在上新世时高度约海拔1000米，气候屏障作用不明显。这些条件都适合古人类的生存。我在1978年出版的《中国大陆上的远古居民》一书就这样表述过："由于上述的理由我赞成'亚洲'说，如果投票选举的话，我一定投'亚洲'的票，并在票面上还要注明'亚洲南部'字样。"

关于人类起源的时间也是大家最关心的问题。人是由猿进化来的，已经没有疑义了，那么人猿相区别是在什么时候呢？人是与猿刚一区别的时候就应该叫作人，还是从能制造工具的时候才算人呢？周口店"北京人"被发现之后，才知道人已有50万年的历史了。随着对"北京人"使用的工具——石器的深入研究，发现他们的加工很细，不但能选用石料，还能分出各种类型，这证明"北京人"因用途不同而会打制不同类型的石器。再有，在"北京人"遗址发现了灰烬，而且成堆，里边还有被烧烤过的石头和动物骨骼，这证明"北京人"不但已经懂得使用火，而且还会控制火。这些进步都不可能在很短的时间内取得，必须经过很长时间的实践和总结。因而我和王建先生提出了"北京人"不是最原始的人的论点，并发表了《泥河湾期的地层才是最早人类的脚踏地》的短论，引发了长达四年之久的公开争论。随后发现了元谋人、蓝田人化石，西侯度、东谷坨、小长梁等地的石器，经研究证明，它们都比"北京人"早得多，距今已有180万～100万年的历史。就文化遗物——石器而言，目前发现的石器都有一定的类型和打制技术，当然不能代表最原始的技术，但目前谁也不能肯定地说出最原始的石器是什么样。现在又有了最新进展，在四川省巫山县的龙骨坡发现了200万年前的石器，在安徽省繁昌地区也发现了240万～200万年前的石器。

我在1990年发表的《人类的历史越来越延长》一文中说过："……（人）能制造工具的历史已有400多万年了。"说来也巧，这篇文章发表不久，美国人类学家就在非洲发现了400多万年前的人类化石。

人类在演化过程中的重叠现象是非常复杂而又十分棘手的问题。人在演化过程中并不是呈直线上升的，而是原始与进步同时并存的，我把它叫作"重叠现象"。这种现象最为显著的表现是，辽宁省营口发现的金牛山人和周口店发现的"北京人"相比，金牛山人比"北京人"要进步得多，属早期智人。而"北京人"生活的年代是70万～20万年前，在这段时期内，"北京人"的体质变化不大，这就说明先进的金牛山人出现的时候，落后的"北京人"的遗老遗少们仍然生存于世。他们之间可能见过面，也可能为了生存彼此之间还打过架。这种重叠现象，并非仅在中国存在。

　　重叠现象不仅存在于人类演化的过程中，他们遗留下来的石器也屡见不鲜。过去我在华北工作的时间较长，把华北的旧石器文化划分为两个系统，这是按照石器的大小和使用的不同划分的。在广大的国土上是否有其他系统和类型？答案是肯定的。因为人类有分布，文化有交流和交叉。

　　在河北省阳原县小长梁发现的细小石器，制作精良，最小的还不到1克重。这些石器能与欧洲10万年前的石器媲美。1994年中国科学院地球物理研究所专家用先进的超导磁力仪测定，小长梁遗址距今为167万年。虽然这为我提出来的"细石器起源于华北"增加了证据，但石器之小，打制技术之好，年代之久远，都出人意料。是什么人打制的呢？仍是令人百思不得其解。

　　综上所述的三大问题，是21世纪古人类学者和旧石器考古学者面临的重大课题。不是外国人说什么就是什么，也不是一两个"权威"就能说了算数的，这是全世界这门学科的学者所面临的课题。既然如此，就应该展开国际合作，特别是培养更多的年轻人加入到这门学科队伍中来，他们思想开放，更容易掌握先进技术和方法。要解决这三大课题，古人类学者和旧石器考古学者任重而道远。

保护"北京人"遗址

　　我是从发掘周口店起家的，我的成长、事业、命运都与周口店紧紧地连在一起。没有周口店，也就没有我的今天。青少年朋友可能不知道有我这个贾兰坡，但一定知道周口店"北京人"遗址，这是在课本上都会学到的。在周口店"北京人"遗址里，发现的古人类和古脊椎动物化石材料之多、背景之全，在世界上是首屈一指的。很多科学论著、科普文章、教科书以及一些报纸杂志在论述人类起源问题时，不论是国内的还是国外的，都会提及周口店。这也说明周口店在研究人类起源问题上的重要地位。1987年，联合国教科文组织将周口店"北京人"遗址列入《世界文化遗产名录》。1992年，北京市政府把周口店"北京人"遗址列为北京青少年教育基地。同年，它又被评为北京十大世界旅游景点之一。1993年，在第七届全运会上，我亲手在这里点燃了"文明之火"的火种，它与"进步之火"在天安门广场汇合，象征着中华民族的文明与进步日新月异。

　　到1999年12月2日，距离"北京人"第一个头盖骨的发现已经70年了。自从敲开了"北京人"之家的大门后，"北京人"遗址有了它非常辉煌的时期。而如今由于经费不足，无力保护和修缮，第1地点、山顶洞、第4地点、第15地点都受到了不同程度的损坏。有人在著述中很形象地比喻说："它就像人们迁入了现代化的公寓后，无意再光顾昔日的竹篱茅舍一样受人冷落。"有人在《光明日报》上撰写文章说，周口店遗址以厚厚的尘埃和萧条陈旧的衰落之态呈现于世人面前。1988年，联合国教科文组织在中国考察了几处文化遗产，指出周口店遗址比起故宫、长城、秦俑、敦煌，是目前保护最差、受损最严重的一处。

随着社会的进步，科学的发展，现代文明越来越被人们接受。我们古老的祖先——"北京人"早在50万年前，就学会了打制各种类型的石器，特别是学会了用火，并能控制火。他们也在创造文明，我们决不应该忘记。

我曾多次著述和呼吁：要保护好这个世界文化遗产，希望有识之士像20世纪30年代的洛克菲勒基金会一样资助周口店。可喜的是，党和政府正在着手做这方面的工作。1996年，联合国教科文组织、中国科学院、法中人种学基金会联合召开了"修复世界文化遗产——'北京人'遗址"方案论证会。论证会十分成功。有关方面将着手拨款在周口店修建一个世界一流的古人类博物馆，抢修第1地点和山顶洞的方案也在筹备之中。

我常想，要把这门学科世世代代传下去，就要为青少年普及这方面的科学知识，使青少年能够产生对这门学科的兴趣。既然周口店是青少年教育基地，那么，除了保护好它之外，在有条件的情况下，在遗址周围还应该仿照50万年前的情景，种上树木和草丛，塑造出正在打制石器、狩猎、采集果实、使用火的"北京人"，逼真地再现"北京人"的生活场景，使参观者一走入"北京人"遗址的大门就仿佛倒退到50万年前。这样，"北京人"遗址会越来越受到人们，特别是青少年的喜爱，使之成为真正的教育青年的基地。青少年对这门学科产生了浓厚的兴趣，就会有更多的青少年加入到这门学科队伍中来。这门学科有了新鲜的血液，就会更有活力，就能有更加快速的发展，也就能再现新的辉煌。

附录　古人类化石表

南方古猿类化石

名称	发现时间	国别	发现地点	主要标本	地质年代或距今年代	曾用学名
非洲南方古猿	1924 年	南非（阿扎尼亚）	塔昂（Taung）	头骨	早—中更新世	非洲南方古猿（Australopithecus africanus）
	1936 年	南非（阿扎尼亚）	斯特克方丹（Sterkfontein）	头骨、肢骨	早更新世	德兰士瓦尔人（Plesianthropus transvaalensis）
	1939 年	坦桑尼亚	加鲁西（Garusi）	左上颌骨		非洲魁人（Meganthropus africanus）非洲前人（Praeanthropus africanus）非洲猿人（Africanthropus njarasensis）
	1947 年	南非（阿扎尼亚）	马卡潘斯盖（Makapansgat）	头骨片	早更新世	普罗米修斯南方古猿（Australopithecus prometheus）
	1965 年	肯尼亚	卡纳波伊（Kanapoi）	肱骨下段	400 万年	南方古猿
	1967 年	肯尼亚	洛塔甘（Lothagam）	下颌骨	550 万年	南方古猿
	1970 年	坦桑尼亚	库彼福勒（Koobi Fora）	头盖后部	182 万～160 万年	
粗壮南方古猿	1938 年	南非（阿扎尼亚）	克罗姆德莱（Kromdraai）	头骨、肢骨	中更新世	粗壮傍人（Paranthropus robustus）
	1948 年	南非（阿扎尼亚）	斯瓦特克兰斯（Swartkrans）	头骨、髋骨	中更新世	巨齿傍人（Paranthropus crassidens）
	1971 年	肯尼亚	切索旺雅（Chesowanja）	顶骨	120 万～110 万年	
鲍氏南方古猿	1950 年	坦桑尼亚	奥杜威（Olduvai）	头骨	175 万年	鲍氏东非人（Zinjanthropus boisei）
	1964 年	坦桑尼亚	佩宁伊（Peninj）	下颌骨	中更新世	鲍氏东非人（Zinjanthropus boisei）
	1970 年	坦桑尼亚	库彼福勒（Koobi Fora）	头盖骨、上下颌	182 万～160 万年	鲍氏东非人（Zinjanthropus boisei）
早期南方古猿	1970 年	肯尼亚	戈罗拉（Ngorora）	第二上臼齿	上新世，900 万年	南方古猿

名称	发现时间	国别	发现地点	主要标本	地质年代或距今年代	曾用学名
归属未定	1941年	印度尼西亚	三吉岭（Sangiran）		中更新世	古爪哇魁人（Meganthropus palaeojavanicus）疑似猿人（Pithecanthropus dubius）
	1957年	中国	华南（地点不明）	一颗臼齿		裴氏半人（Hemanthropus peii）
	1960年	巴勒斯坦	尤拜迪亚（Ubeidija）	部分颅骨		约旦人（Jordanthropus？）猿人？
	1962年	乍得	科罗托罗（Koro Toro）	部分头骨	早—中更新世	乍得古猿（Tchadanpithecus uxoris）副南方古猿（Paraustralopithecus）
	1967年	埃塞俄比亚	奥莫（Omo）	下颌骨、牙齿	早更新世	副南方古猿（Paraustralopithecus）
	1970年	中国	湖北建始	臼齿		南方古猿

早期猿人化石

名称	发现时间	国别	发现地点	主要标本	地质年代或距今年代	曾用学名
能人	1960年	坦桑尼亚	奥杜威（Olduvai）	头顶骨	早更新世	Homo habilis
伊利雷特	1971年	坦桑尼亚	伊利雷特（Ileret）		早更新世或晚上新世 200万以上	Homo
1470号颅骨	1972年	肯尼亚	图尔卡纳湖东岸（East Rudolf）	头骨、肢骨	280万～200万年	Homo
巴林戈		肯尼亚	巴林戈（Baringo）	右颞骨片	350万～300万年	
阿法	1974年	埃塞俄比亚	阿法（Afar）	颌骨、体骨	350万年	南方古猿阿法种（Homo）

晚期猿人化石

名称	发现时间	国别	发现地点	主要标本	地质年代或距今年代	曾用学名
直立人	1891年	印度尼西亚	爪哇（Java）	头盖骨、股骨	中更新世 80万～50万年	直立猿人，爪哇猿人（Pithecanthropus erectus）
海德堡人	1907年	德国	海德堡（Heidelberg）	下颌骨	50万～40万年	海德堡人（Homo heidelbergensis）

名称	发现时间	国别	发现地点	主要标本	地质年代或距今年代	曾用学名
北京猿人	1929 年	中国	北京周口店	头盖骨、下颌骨、下肢骨、牙齿等	50 万年	中国猿人北京种（Sinanthropus pekinensis）
莫佐克托猿人	1936 年	印度尼西亚	爪哇莫佐克托（Modjokerto）	小儿头盖骨	早更新世末 180 万年	莫佐克托猿人（Pithecanthropus modjokertensis）
粗壮猿人	1938 年	印度尼西亚	爪哇三吉岭（Sangiran）	头骨后部、下颌骨	早更新世末	粗壮猿人（Pithecanthropus robustus）
开普猿人	1949 年	南非（阿扎尼亚）	斯瓦特克兰斯（Swartkrans）	下颌骨	中更新世	开普猿人（Telanthropus capensis）
药铺猿人	1952 年	中国	华南（地点不明）	臼齿	中更新世	中国猿人药铺种（Sinanthropus officinalis）
阿特拉猿人	1954 年	阿尔及利亚、摩洛哥	土尼芬（Ternifine）阿布德拉多	下颌骨、顶骨	第二间冰期初 45 万年	毛里坦阿特拉猿人（Atlanthroptus mauritanicus）
利基猿人	1960 年	坦桑尼亚	奥杜威（Olduvai）	头盖骨、股骨、髋骨	50 万年	利基猿人（Homo leakeyi）舍利人（Chellean man）
奥杜威13 号头骨	1963 年	坦桑尼亚	奥杜威（Olduvai）			奥杜威 13 号头骨（Olduvai Hominid 13）
蓝田猿人	1964 年	中国	陕西蓝田	头盖骨、下颌骨	85 万~78 万年	中国猿人蓝田种（Sinanthropus lantienensis）
元谋猿人	1965 年	中国	云南元谋	两颗上中门齿	60 万年左右	
沈劝人	1965 年	越南	沈劝（Tham Khuyen）	牙齿	第二间冰期	
维尔德兹佐洛猿人	1965 年	匈牙利	维尔德兹佐洛（Vértesszollos）	枕骨、牙齿	40 万年	古匈牙利人（Homo paleohungaricus）
捷克猿人	1969 年	捷克斯洛伐克	布拉格（Praha）以北	臼齿	40 万年	
郧县猿人	1975 年	中国	湖北郧县（今郧阳区）梅铺	门齿、前臼齿、臼齿	中更新世	
郧西猿人	1976 年	中国	湖北郧县白龙洞	牙齿	中更新世	
和县猿人	1980 年	中国	安徽和县龙潭洞	头盖骨、牙齿、下颌骨	中更新世	
南京人	1993 年	中国	南京汤山	头盖骨	中更新世，42 万年	
金牛山人	1994 年	中国	辽宁营口	骨架	中更新世末	

早期智人化石

名称	发现时间	化石产地		主要标本	地质年代或距今年代
		国别	发现地点		
直布罗陀人	1848 年	英国	直布罗陀 （Gibraltar）	头骨	7 万~4 万年
尼安德特人	1856 年	德国	尼安德特 （Neanderthal）	头骨、肢骨	玉木早期
斯庇人	1886 年	比利时	斯庇 （Spy）	两具成年男性骨架	
克拉皮纳人	1895—1906 年	南斯拉夫	克拉皮纳 （Krapina）	14 个个体（9 个成人，5 个幼童，200 多颗牙齿）	
莫斯特人	1908 年	法国	莫斯特 （Le Moustier）		
圣沙拜尔人	1908 年	法国	圣沙拜尔 （La Chapelle-aux-Saints）	老年男性骨架	4.5 万~3.5 万年
基纳人	1908—1921 年	法国	基纳 （La Quina）		玉木早期
费拉西人	1900 年	法国	费拉西 （La Ferrassie）	7 个个体，包括成人、小孩、新生儿和胎儿	3.5 万年以上
埃林斯多甫人	1914—1925 年	德国	埃林斯多甫 （Ehringsdorf）	20 多岁女人头骨，下颌骨，幼童下颌骨、头后骨骼	12 万~6 万年
断山人（罗得西亚人）	1921 年	赞比亚	断山 （Broken Hill）	成年男性头骨	10 万~3 万年
奥哈巴-波诺尔	1923 年	罗马尼亚	奥哈巴-波诺尔 （Ohabe-Ponor）	右足第二趾骨	玉木早期
基克-柯巴人	1924 年	苏联	基克-柯巴 （Kik-Koba）	成年肢骨，小儿体骨、肢骨	玉木冰期，7 万~4 万年
朱蒂耶人或加里里人	1925 年	巴勒斯坦	朱蒂耶（Zuttiyeh） 加里里（Galilee）	不完整男性头骨（额）骨、颧骨、鼻骨、蝶骨	7 万年
加诺西人	1926 年	捷克斯洛伐克	加诺西 （Ganovce）	颅腔骨膜	7 万年
卡麦尔人 塔邦人 斯虎尔人	1929—1934 年 1931—1932 年	巴勒斯坦	卡麦尔山 （Mount Carmel） 塔邦（Tabun） 斯虎尔（Skhul）	成年女性完整骨架，成年男性下颌，5 男、2 女、3 幼童	7 万~4 万年 7 万年
萨科帕斯托人	1929—1935 年	意大利	萨科帕斯托 （Saccopastore）	成年男女头骨	6 万年
昂栋人（梭罗人）	1031—1041 年	印度尼西亚	昂栋 （Ngandong〔Solo〕）	头盖骨 12 个	晚更新世
斯坦海姆人	1933 年	德国	斯坦海姆（Steinheim）	女性头盖骨	25 万~20 万年

名称	发现时间	化石产地		主要标本	地质年代或距今年代
		国别	发现地点		
卡夫泽人	1934—1967 年	巴勒斯坦	卡夫泽（Qafzeh）	10 个个体	7 万年
斯旺斯科姆人	1935 年	英国	斯旺斯科姆（Swanscombe）	头骨	25 万年
捷什克-塔什尼人	1938 年	苏联	捷什克-塔什尼（Teshek-Tash）	幼童头骨	玉木冰期7 万~4 万年
坎萨诺人	1938 年	法国	坎萨诺（Quinzano）	头骨	15 万~7 万年
孟色西人	1939—1950 年	意大利	孟色西（Monte Circeo）	头骨（成年男性）、下颌骨	玉木早期
丰德谢瓦人	1947 年	法国	丰德谢瓦（Fontechevade）	头骨碎片	15 万~7 万年
蒙特莫兰人	1949 年	法国	蒙特莫兰（Montmaurin）	下颌骨	15 万~7 万年
阿西苏居人	1949—1951 年	法国	阿西苏居（Arcy-Sur-Cure）	下颌骨	14 万年
斯塔罗谢雅人	1952 年	苏联	斯塔罗谢雅（Staloselje）	2 岁幼儿	
豪亚弗塔人	1952—1955 年	利比亚	豪亚弗塔（Haua Fteeh）	下颌骨	4 万年
苏尔达纳人	1953 年	南非（阿扎尼亚）	苏尔达纳（Saldanha）	头盖骨、下颌骨	4 万年
沙尼达尔人	1953—1960 年	伊拉克	沙尼达尔（Shanidar）	7 个个体	5 万~4.7 万年
丁村人	1954—1976 年	中国	山西襄汾	头骨碎片、牙齿	10 万年
长阳人	1956—1957 年	中国	湖北长阳	上颌骨	6 万~4 万年
牛川人	1957 年	日本	爱知县牛川	肱骨	里斯一玉木间冰期
马坝人	1958 年	中国	广东韶关	头骨	10 万年
佩特拉郎那人	1960 年	希腊	佩特拉郎那（Petralona）	头骨	玉木冰期
耶贝尔依罗人	1961 年	摩洛哥	耶贝尔依罗（Jabel Irhoud）	头骨及面骨	
阿木德人	1961—1964 年	巴勒斯坦	阿木德（Amud）	4 个个体，1 个成年男性完整骨架	7 万~4 万年
沈海人	1964 年	越南	沈海（Tham Hai）	牙齿	2 万年
奥莫人	1967 年	埃塞俄比亚	奥莫（Omo）	2 个个体	10 万~5 万年
陶塔维人	1971 年	法国	陶塔维（Tautavel）	面骨、额骨、下颌骨	20 万年
桐梓人	1972 年	中国	贵州桐梓	牙齿	10 万年
新洞人	1973 年	中国	北京周口店第 4 地点	牙齿	10 万年
许家窑人	1976 年	中国	山西阳高	牙齿、头骨碎片	10 万年
大荔人	1978 年	中国	陕西大荔	头骨	
巢县人	1982 年	中国	安徽巢县	枕骨等	

晚期智人化石

名称	发现时间	化石产地		主要标本	地质年代或距今年代
		国别	发现地点		
克罗马农人	1868 年	法国	克罗马农（Cro-Magnon）	5 个个体	3 万~2 万年
格里马迪人	1872—1901 年	摩洛哥	格里马迪（Grimaldi）	7 个个体	4 万年
商塞拉德人	1888 年	法国	商塞拉德（Chancelade）	成年男人	1.7 万~1.2 万年
瓦加克人	1890 年	印度尼西亚	瓦加克（Wadjack）	2 个头骨及下颌骨、牙齿	4 万年
布尔诺人	1891 年	捷克斯洛伐克	布尔诺（Brno）	头骨、下颌骨碎片、头后骨骼	玉木晚期
普列摩斯提人	1894—1957 年	捷克斯洛伐克	普列摩斯提（Predmosti）	27 个个体	3.48 万年
孔姆卡佩人	1909 年	法国	孔姆卡佩（Combc-Capell）	成年男人头骨	3.4 万年
博斯科普人	1913 年	南非（阿扎尼亚）	博斯科普（Boskop）	头骨	晚更新世
奥伯卡斯尔人	1914 年	德国	奥伯卡斯尔（Oberkassel）	2 个个体	1.7 万~1.2 万年
河套人	1922—1956 年	中国	内蒙古伊克昭盟乌审旗	头骨、肢骨碎片、牙齿	更新世末
阿塞拉人	1927 年	马里	阿塞拉（Asselar）	成年男性骨骼	更新世末
阿尔法卢人	1928—1929 年	阿尔及利亚	阿尔法卢（Alfalou）	48 个个体，包括男、女和小孩	晚更新世
明尼苏达人	1931 年	美国	明尼苏达（Minnesota）	头骨	1.1 万年
明石人	1931 年	日本		腰椎骨	晚更新世
弗洛里斯巴人	1932 年	南非（阿扎尼亚）	弗洛里斯巴（Florisbad）	头骨	3.5 万年
山顶洞人	1934 年	中国	北京周口店山顶洞	7 个个体	2 万~1 万年
扎赉诺尔人	1933—1943 年	中国	内蒙古满洲里扎赉诺尔	2 个头骨、上下颌骨	1 万年
凯洛人	1940 年	澳大利亚	凯洛（Keilor）	头骨等	1.3 万年
通庄人	1942 年	越南	通庄（Lang Thung）	牙齿	晚更新世
希昂克洛维纳人	1942 年	罗马尼亚	希昂克洛维纳（Cioclovina）	头骨	玉木冰期

名称	发现时间	化石产地		主要标本	地质年代或距今年代
		国别	发现地点		
特佩克斯潘人	1949 年	墨西哥	特佩克斯潘（Tepexpan）	头骨	1.1 万年
葛生人	1950 年	日本	栃木县葛生	下颌骨、肢骨	晚更新世
资阳人	1951 年	中国	四川资阳	头骨	晚更新世
榆树人	1951 年	中国	吉林榆树	头骨片、肢骨片	晚更新世
下草湾人	1954 年	中国	江苏泗洪下草湾	胫骨中段	晚更新世
伦达人	1956 年	德国	伦达（Rhunda）	头骨右侧骨片	晚更新世
建平人	1957 年	中国	辽宁建平	肱骨	晚更新世
柳江人	1958 年	中国	广西柳江	头骨、椎骨、骶骨	晚更新世
尼阿人	1959 年	马来西亚	尼阿（Niah）	头骨	3.9 万年
丽江人	1960—1964 年	中国	云南丽江	头骨、股骨	晚更新世
荔浦人	1961 年	中国	广西荔浦	牙齿	晚更新世
滨北人	1961—1962 年	日本	静冈县滨北	头骨片、肢骨片	晚更新世
峙峪人	1963 年	中国	山西朔县（今朔州市）	枕骨	2.8 万年
新泰人	1966 年	中国	山东新泰	牙齿	玉木冰期
马尔莫人	1967 年	美国	马尔莫（Marmes）	头骨	1.3 万~1.1 万年
芒戈湖人	1968 年	澳大利亚	芒戈湖（Lake Mungo）	头骨	3.2 万~2.5 万年
科阿沼泽人	1968 年	澳大利亚	科阿沼泽（Kow Swamp）	40 个个体	1 万年
阿拉哈巴德人	1971 年	印度	阿拉哈巴德（Allahabad）		1 万年
左镇人	1972 年	中国	台湾台南左镇	头骨	3 万~2 万年
西畴人	1973 年	中国	云南西畴		

轻松一课

一、头脑大风暴

1.同学们，阅读完《保护"北京人"遗址》后，你能简单说说作者对青少年提出了哪些期望吗？在保护遗址方面，我们又能做些什么呢？

2.人与猿的真正区别在于什么？人与其他灵长类动物的区别又表现在哪些方面呢？

3.21世纪，古人类学者面临的三大课题是什么？

二、知识加油站

同学们，我们已经完成了第一部分的阅读，在这一部分中，出现了许多与考古学有关的知识点。现在，让我们一起来看看下面的知识卡片，增强对古人类学研究的认识吧！

1987 年，联合国教科文组织将周口店"北京人"遗址列入《世界文化遗产名录》。

1929 年 12 月 2 日，在北京房山区周口店镇的龙骨山上，我国考古工作者裴文中发现了"北京人"的第一个头盖骨化石。

根据地史学的研究和国际上的统一规定，整个地球的历史分为五个大的阶段，这五大阶段称作"代"：太古代、元古代、古生代、中生代、新生代。

根据对旧石器时代的石器的发现、研究和比较，石器可以分成砍砸器工艺类型、手斧工艺类型、石片（石叶）工艺类型。

悠长的岁月

阅读小贴士

　　"我"的童年是在农村度过的。那里优美的环境、可爱的玩伴、严肃的私塾老师和明事理的母亲，对"我"的人生产生了深远的影响。然而，美好的时光总是格外短暂，13岁那年，因为战乱频发，"我"被父亲接到了北平，开始接受正规的教育。高中毕业后，因为家中经济问题，"我"不能继续深造，只好赋闲在家。

　　之后，一次偶然的机会，"我"进入了中国地质调查所，成了新生代研究室的一名练习生，并前往周口店开始挖掘工作。但是，对考古学一窍不通的"我"，能顺利地开展工作吗？"我"又会在周口店收获些什么呢……

我 的 童 年

1908年11月25日，我出生在河北玉田县城北约7千米的小村庄——邢家坞。这个不足200户的小村子，北临山丘，南望一片平原，土地贫瘠，村民的生活比较贫困。

据坟地碑文记载：我们贾家原籍是河南省孟县①朱家庄，在明代初期才迁移到邢家坞。

听老一辈人说，我的曾祖有兄弟二人，大曾祖父没有儿子，按我们家乡当时的规矩，需要把我二曾祖父的长子，即我的大祖父过继给大曾祖父。我的二祖父也没儿子，又从我三祖父一门中把我的父亲过继给二祖父。由于生活困难，在我很小的时候，我的父亲就只身到北京谋生。

我们村里有个叫宋竹君的，据说他是燕京大学的前身——汇文大学（后改为汇文中学）毕业，在北京英美烟草公司任高级职员。经他介绍，我父亲也进了英美烟草公司。父亲本名贾连弟，号荣斋。他的工作部门叫"调换处"，实际上是做一种广告性质的工作。人们只要能集到一定数量英美烟草公司出品的香烟空纸盒或烟盒内的画片，就可

---

① 孟县　今河南省孟州市。

以到调换处换取挂历、成套茶具及小玩意儿等物品。

由于工作日渐起色，人来人往日渐增多，人们都习惯称父亲为荣斋，而他的本名反而没人叫了。当时父亲每月薪水18元，他自己省吃俭用，每月只花8元，其余10元就托人捎回老家，家中的日子自然好多了。

我家村后的东山上有两个山洞，一大一小，我常常跟着其他小孩到小洞里探洞玩。大洞深不可测，我们从不敢进去。有时我们用石头打成圆球，从山上往下滚着玩。想不到这在以后的工作中，对发现石球的打制过程和用途还有着很大的帮助。

在村北的小山下，还有一条南北向细长的水坑，这也是我们孩子常常光顾的地方。我们就在坑里洗澡、打水仗。我还常常到地里逮蝈蝈儿、捉蜻蜓和小鸟。鸟类中，我们最喜爱"红靛颏①"或"蓝靛颏"，凡是我们网着的鸟，除了这两种，其余统统放生。当然我们小孩之间，也常常为逮鸟打架，母亲只是拉开了就完事，最多打几下屁股。她不许骂人，骂人准挨一顿掸把子。

我外祖母家在门庄子，位于邢家坞村和玉田县城之间，地处平原，风光秀丽，也是个不足200户的小村子。外祖母住在村前街的西头路北，家中有五间北房。东侧有条路通往后街，小路东边有个数十米长、直通南北街的大水坑，水坑东西有三四十米。前街路南有一块菜园，冬季多种大白菜，夏天除种各种蔬菜外，还种甜瓜、西瓜等。外祖母家我也非常爱去，除了有水坑可以游泳外，更因为那块很大的菜园子，里面有很多好吃的瓜果和蔬菜，比邢家坞的菜多了很多。何况还有一个比我大13岁的表兄，他常带我去水坑里摸鱼和捉螃蟹，又好玩又能解馋。

---

① 靛（diàn）颏（ké）鸟，身体大小和麻雀相似，羽毛呈褐色，叫的声音很好听。通称点颏儿。雄的喉部鲜红色的为红点颏儿，雄的喉部大蓝色的为蓝点颏儿。

大约到了7岁，我在外祖母家开始上学了。当地没有学校，读的是私塾。所谓私塾，就是在老师家上课。老师教几个学生，屋里没有课桌，只有个方桌，炕上放个炕桌而已。教的是《三字经》《百家姓》《千字文》。我还记得，老师叫谷显荣。每天进老师家中第一件事，就是向孔子牌位行作揖礼，然后各就各位，背书或描红模子。学完了三本小书，又学了半本《论语》，谷老师因病去世了。我又到邻村跟一位叫"李小辫子"的老师学。当时已是民国，但他还是清朝打扮，留着辫子，所以当地人都叫他"李小辫子"，而不知他的大名。他对学生管得很严，背书背不下来或背错了，都要挨掸把子。他给我们讲的课文，我们听了虽然有时似懂非懂，但因怕挨打，背得都很熟。所以到现在什么"一去二三里，烟村四五家，亭台六七座，八九十枝花""松下问童子，言师采药去，只在此山中，云深不知处"，仍然记得清清楚楚。

大约到了8岁，"四书"读完，又读了点儿《诗经》，我的外祖母也去世了。此时邢家坞也有了私塾，我又返回自己的家继续读书。

应该说，我识字的启蒙老师是我的母亲。我的母亲戴明，虽未上过学，但聪明而知晓大义。村里有个叫王雍的老头，识字最多，他看的小说也多。每到夏天，大家在一起乘凉，都会叫王雍讲故事。母亲常把听来的故事再讲给我听，都是一些"岳母刺字""精忠报国"之类的，母亲一边讲一边教导我要学做好人，不要做坏事。后来母亲对小说也着了迷，就借来看，不认识的字和不懂的地方就请教王雍，天长日久，也认识了很多字，就是不会写。到后来，她连不带标点的木版印刷的小说也能看得懂。

父亲在北京做事，家里有了活钱，生活条件自然好多了。母亲要求我穿戴不能与其他孩子有区别，我只比别的孩子多件内褂和内裤，外表仍是粗布衣裤。别人家的孩子在玩的时候都背着扒篓，边玩边拾

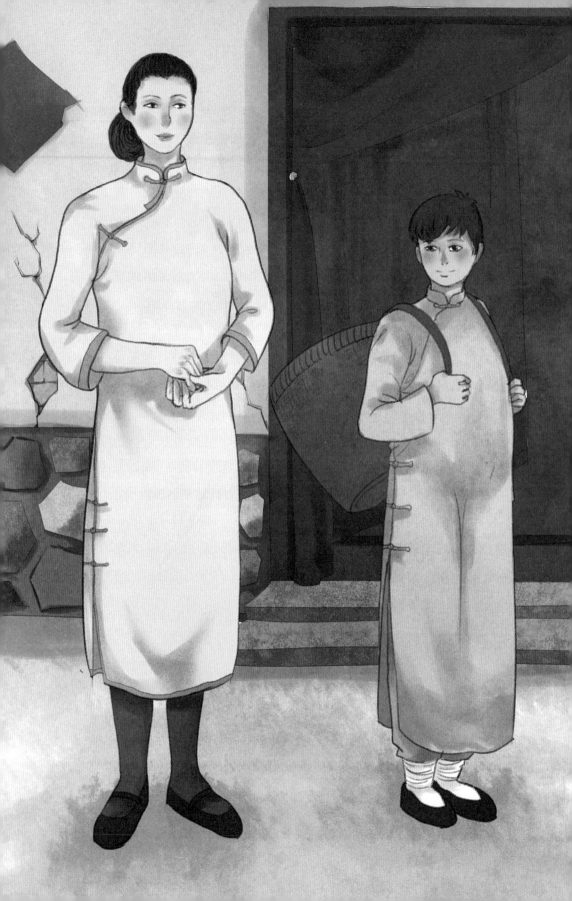

柴，母亲也叫我背一个，不要求拾多少柴，就是不能比别人家的小孩有特殊感。这对我影响很大，以至于后来，我对待他人，不管职位高低，都能一视同仁，这不能不说是母亲当年教育的结果。

虽然父亲每月捎钱来，但家里平时仍是早饭玉米粥加咸菜，午饭和晚饭是玉米面贴饼子加上一锅菜，有时是小米饭。当然过节和有客人来就不一样了。有时为了给祖父下酒，母亲炒个菜，祖父总想叫我一起吃，母亲反对说："小孩子家，吃喝时间长着呢！不在这一口两口。"过年时，客人给的压岁钱，都得如数上交，母亲又说："孩子花惯了钱对他一点儿好处也没有。"但过年的新衣、新鞋母亲总是早早就做好了，当然还有灯笼、鞭炮之类的玩意儿。所以过年是小孩子最盼望的了。

我的童年是在农村度过的。虽然家境不是很宽裕，但童年的生活非常愉快，无忧无虑。至今我还常常回忆起那时的情景。

断断续续的学校生活

我13岁那年，正赶上直奉战争①，奉军溃败，逃兵很多。他们仨一群俩一伙，到处抢劫，用他们的话说："打是米，骂是面，不打不骂小米干饭。"

在这兵荒马乱的年代，我父亲对家里很不放心，他抽时间回到家里探亲。一路上看到的和听到的都使他胆战心惊。他决定不在乡间久留，便雇了两辆骡子拉的轿车（即车上装个布围子），带着我的祖母、母亲、姑母和我及妹妹一起，到北京暂时躲避。轿车每辆可乘4人，乘1人或乘4人都需花4块银圆。平常从老家到北京需两天的时间，这次走了三天，因为怕碰上逃兵，我们有时只好绕着道走。途中的栈房都被兵占据，我们也只好借宿到百姓家里。当时的百姓家对往来客人借宿都很热情，供吃供住，但不当面收钱，客人要给钱也得给小孩，借给小孩买吃的为名，还了这份人情。否则人家说"我家不开店"，叫你下不了台。

进了朝阳门，到了崇文门外翟家口恒豫隆丝线店，已是掌灯时分。当时北京大多数人家还没装电灯，用的都是煤油灯。

---

① 直奉战争　北洋军阀直、奉两系为争夺北京政府统治权在华北地区进行的战争。

我们的落脚处是父亲在我们来京之前预先托朋友找好的。这原是一家闲置的店铺，托恒豫隆代为照料。我们只占用了五间朝东的正房，其他房间还闲在那里。当时的人很迷信，住房子要看了风水才能决定，特别是作为买卖用的铺面房。我们临时租住的这家房子，因有人说里面不干净，闹过鬼，房子很难租出去。租不出去，还要花钱雇人看管，房东当然愿意有人租这房子住，这样就证明里面没有鬼。我父母是不信神不信鬼的人，即使旧历年节也没烧过香或祭过灶王爷。这事对双方当然都是再合适不过了。

这时，我父亲辞去了英美烟草公司的工作，在前门外打磨厂集资开了一爿①商店——义兴合纸烟店。店子的主要股东是义兴合钱庄，经理是个叫史冠德的山西人。纸烟店就在钱庄的东隔壁。

虽说父亲辞去了英美烟草公司的工作，与别人合伙开了纸烟店，但并没有完全脱离英美烟草公司，专负责批发英美烟草公司出产的纸烟。当时这类烟店，京城共有4家，分布在北京4个区，每区一家专卖店，出售不许越界。当然父亲的薪金也比过去多了，年终还能分到红利。

在京待了半年之久，地方上已经平静，老家的叔叔来京接我祖母等人回家。我母亲陪着祖母、姑母及妹妹一行人又返回了邢家坞。

妹妹贾英伯在家时也读了很多书，且非常聪明，《诗经》背得很熟。她本想留下来和我一起在北京读书，但因家人一走，我父亲把原租住的房子退掉了，在纸烟店我们爷俩合着住，妹妹留下来挤在一起不方便，所以她就和母亲一起返回了老家。

母亲走后，我和父亲住在纸烟店里，并和店里的伙计一起吃饭。父亲把我送到打磨厂小学读高小。国文（即语文）对我来说没有问题，但数学就困难了。在老家从未接触过阿拉伯数字，学起来非常吃力。

---

① 爿（pán）商店、工厂等一家叫一爿。

有时还涉及地理以至物理、化学等知识，弄得我一点儿信心也没有，越学越没兴趣，最后还是离开了学校，在家请了一位先生为我补习。

父亲每天外出，我一人在店里，除了补习功课外也没其他事情可做，自己也不敢出去玩，很是寂寞。就这样度过了一年多。这一年正赶上崇文门内以东的汇文高等小学招生，父亲领我去投考，虽然除国文外其他各门较差，但经过一年多的补习，居然被录取了。我心里明白，这只是凭着运气，而不是凭着学到的知识。果不其然，第二年就留了级。对我来说，留级不是什么坏事，从头再开始，学起来就省力多了。课能听得懂，成绩跟得上，学起来就感到有味道，就这样一直在汇文学校上学，直到1929年高中毕业。

为了上学方便，父亲带着我从义兴合商号搬到了东城江擦胡同宋竹君家居住，父亲每月付给他一些费用。宋竹君是英美烟草公司的高级职员，也是介绍我父亲进英美烟草公司工作的人。后来他染上了吸食鸦片的恶习，弄得家境败落，我也不得不离开他家，搬到汇文学校住宿。听说宋竹君抽不起大烟，改抽白面儿，最后是家败人亡。

> 宋竹君没有抵抗住毒品的诱惑，最终落得个家破人亡。生活中充斥着形形色色的诱惑，只有意志坚定的人，才能做出明智的选择。

由于时间久远，汇文的住宿费记不清了，但我还记得伙食费分两种：一种伙食费较高，当然吃得也好，大约每月6块银圆；另一种次一点儿，粗粮较多，平时菜里很少有肉，只到星期天改善一下伙食。我记得伙食费是父亲领我去交的。收费人说："差不了几个钱，还是叫孩子吃好的吧。"我父亲说："还是次一等的吧，并不是在乎几个钱。小孩不能惯，不能叫他与别人家攀比。"我心里虽不愿意，也只好听从。当然这为我以后不挑吃喝、对在野外吃好吃坏不以为意打下了基础，这也不能不说是父母苦心教育的结果。

考上练习生

　　母亲回到老家后，祖父、祖母相继过世。这时我正在汇文读高小。北京4个区的英美烟草公司的买办①王兰（字者香）在骡马市一带建了一家独营店。我父亲又回到了英美烟草公司（后改为颐中烟草公司），职务为"段长"，比在调换处高了一等。工作是了解市面上纸烟销售情况，招揽广告生意，每月的收入达到了四五十元。此时我父亲在崇文门外南五老胡同也租了房子，因为没人照顾，就把母亲从老家接了来。我当然也不用住校了，回家来住不但能吃得好，也能省几个钱。

　　父亲的收入虽然增加了，但应酬也多了起来，每月收入所剩无几。我读到高中毕业，父亲没钱供我上大学了。此时我正当21岁，由父母做主结了婚。妻子叫王栖桐，与我同岁，是玉田县青庄坞人。她人品好，为人热诚。由于在农村长大，没机会学习文化，虽然很聪慧，但底子差，读书很吃力，她对读书越来越没有兴趣了。但她一生中担负起了照顾公婆和子女的重担。

　　我在北京上学，学到了很多知识，开阔了眼界。当时，几位大文

---

① 买办　殖民地、半殖民地国家里替外国资本家在本国市场上经营企业、推销商品的代理人。

学家提倡白话文，虽然有不少人反对，但毕竟白话文逐渐占了上风。同时，新的思想也开始冲击旧的封建思想。旧式的婚姻，我是反对的。我和妻子之间没有感情基础，再者我还没有工作，不曾立业，结婚生儿育女就会加重父亲的负担，所以我极力反对这门婚事。但母亲为此哭过几次，最后我也只好投降。

婚后一年多，我的大女儿出世了。家里添了人口，虽然大家都很高兴，但我心里更加着急，总为自己不能挣钱养家心中有愧。

我的一位中学同学曾要我跟他一起到外地报考邮政局的工作。我思想上有点儿活动，但母亲听说后，坚决反对，我只好作罢。怎么办呢？这时我只想多学点知识，等待出路。于是，从1930年起我经常去图书馆看书。

北京图书馆内无偿地供给白开水，有时我带着馒头夹咸菜，一去就是一天。开始看书没什么规律，逮住什么看什么，后来对《科学》《旅行杂志》等有关自然科学方面的杂志和书籍越来越感兴趣。我不但看，还把感兴趣的地方抄录下来。有时也到旧书摊去浏览，看到便宜的书也会买回来。我对所看过的书都认真做了笔记，不知不觉，一年过来也学到了很多东西。

玉田县狼虎庄有位名高焕、字灿章的人，是我的一个表弟。他经常来北京，每次来都住在我家里，几乎成了我家的一员。我的孩子也很喜欢他，因为他一来京，就常带孩子们出去玩。崇文门瓮圈的内侧有一家恒兴缸店，是他经常光顾的地方，因为他在这家缸店有股份。恒兴缸店的掌柜姓裴，就是1929年12月发现第一个"北京人"头盖骨而闻名于世的裴文中（1904—1982）先生的侄子。虽然裴掌柜辈份小，但岁数不小，比裴文中年岁大得多。裴文中先生也常去缸店串门，和我的表弟时常见面，彼此很熟。

1931年春，他们在缸店又见面了。他们一边喝茶，一边聊天，闲

谈中，我的表弟提到我闲在家里没事可做，只闷头读书。裴文中一听，说中国地质调查所正在招考练习生，不妨叫他去试试。高焕回来一说，我们全家都很高兴，因为这样不但有了工作，还可以不出北京。

我风风火火地跑到了西四兵马司9号的中国地质调查所报了名。考试那天，主考是地质陈列馆的负责人徐光熙先生。不承想我在家中自学的知识竟派上了用场，我以优异的成绩被录取了。

上班后，我被分配到新生代研究室做练习生。和我同时来到新生代研究室的还有一位青年——卞美年先生，他长我半年，是燕京大学的毕业生，学的是地质和生物。他是由他的老师——英国地貌学家、燕京大学教授巴尔博（B. Barbaur）介绍来的。他是练习员，我是练习生；他是大学毕业，我是高中毕业。他学历和职称都比我高，但他为人厚道，平易近人，我们很快就熟识了。在以后的工作中，他处处帮助我、指导我。至今我俩还是非常要好的朋友。

当时新生代研究室有两处工作地点：一处在西四兵马司9号，一处在东单北大街路西的北平协和医学院娄公楼106室和108室。106室是裴文中先生的办公室，108室除杨钟健先生外，还有十几名工人在修理化石。上班那天，我俩先见了杨钟健和裴文中两位先生。他们言谈很和善，没有什么架子，使我们紧张的心情松快了许多。

上班初期，我们没有一下子进入工作，因为杨钟健叫我俩先和大家彼此认识，熟悉一下工作环境。每天上午杨、裴都要到西四兵马司去。

一天，我和卞美年正在娄公楼108室聊天，卞美年给我讲古代生物化石的知识。这时，走进来一位身材矮小、身着长袍的人，他在屋内转了一圈就走了。我俩不认识他，也没有跟他打招呼。

第二天，杨钟健见到我们，说那是所长翁文灏（1889—1971），他叫我们俩明天上午去见他。我和卞美年心里一惊，感到对所长失了礼，心里直打鼓。

第二天上午，我俩按时来到了西四兵马司9号的中国地质调查所，杨钟健已在那里等候我们。杨钟健是新生代研究室的副主任，是我俩的领导。他把我俩领到二楼东南角翁所长办公室的门前，先带着卞去见所长，让我在门外等候。我心里就像十五只吊桶打水——七上八下，怎么也控制不住。没多久，卞美年出来了。由于翁所长有事，召见我改在下午。我问卞美年："所长跟你说了些什么？""他就问我学什么的，认不认识角砾岩。我说认识，我是学地质的。他又问了一些地质学上的问题，我都回答了。别的没再问什么。""提到前天上午在办公室我们为什么没理他吗？""没有，他说地质调查所添丁加口是好事，所以他要接见我们。"下午，翁所长召见了我。见面时，我仍然很紧张。翁先生先问了我家里的情况，我一一如实回答了。最后他问："这种工作很苦很累，你为什么要干这个呢？"我不假思索地说："为了吃饭。"翁所长听后，忽然大笑了起来："说实话好，好好干吧！"召见很快就结束了。谈话虽然很短，不承想，翁的一笑，决定了我的终生。

第二天，裴文中通知我们回家准备好自己的行李。两天后，卞美年和我还有王存义先生就随裴文中去了周口店。我的工作也正式开始了，那就是协助裴文中在周口店搞发掘。

初到周口店

周口店虽然离北京城只有50千米，但当时交通极为不便。从前门西火车站乘火车到琉璃河下车，再等候开往周口店的"山车"。所谓山车就是周口店往外运煤或石头的火车，其开行时间不一定，时有时无。如果一天等不来，还要在琉璃河车站附近的小店住上一夜，第二天再等。

那天，我们几个人乘火车到琉璃河，下车吃了顿饭，后每人改乘一头毛驴，晚上八九点钟才到达周口店的办公地点"刘珍店"，真是起个大早赶个晚集。

从前，在周口店进行挖掘的人都住在周口店村北的一座小庙里，如瑞典地质学家和古哺乳动物学家安特生（J. G. Andersson，1874—1960）、步林（A. B. Bohlin，1898—？）和中国地质学家李捷（1894—1977）等。大概是1928年杨钟健和裴文中参加这一工作后，感到小庙地方太狭窄，又时常有客人来参观，无处可住，于是裴文中以每月14块银圆的价格向刘珍租赁了一处骆驼店，用于居住和办公，这就是我们称为"刘珍店"的地方。

刘珍店的房子很破旧，北房三间较大一点儿，东西有厢房四间，北房的东间是给客人们用的，东西厢房为技工住房和放置标本用。床就是行军床，三下五除二就支好了，放上被褥就能睡觉。

第二天我们就准备发掘的工具和其他各项工作。一切都就绪，只等开工。三天后，新生代研究室的领导们来到了周口店。他们是名誉主任、加拿大古人类学家、北平协和医学院解剖科主任步达生（Davidson Black，1884—1934）；顾问、法国神父、古脊椎动物学家德日进（Pierre Teilhard de Chardin）和副主任、中国古脊椎动物学家杨钟健。他们是来商量发掘的地点和任务的。我和卞美年初来乍到，什么也不懂，只好听着。

他们商量来商量去，决定发掘鸽子堂内的堆积——含脉石英1层和脉石英2层。

周口店火车站以西有两座东西并列的小山。东边的一座叫"龙骨山"，西边的山较大，但没有洞穴，后来这里成为杨钟健、裴文中、尹赞勋先生的墓地。南北方向有个裂隙堆积，在其中的红色土中发现了哺乳动物化石，我们将此地编号为第2地点。龙骨山三面为群山所围，向东南望去，豁然开朗，是一望无际的河北大平原。我们所要发掘的鸽子堂位于龙骨山的东北角，是个山洞，因里边栖息着许多野生鸽子而得名。

鸽子堂内的堆积主要有两层，上面的叫石英1层（也称Q1），下面的叫石英2层（也称Q2）。这两层很松软，挖掘起来很容易，土虽然很潮湿，但不粘手。用铁铲和铁钩小心翼翼地挖，得到的化石很多。Q1和Q2靠近北洞壁处，灰烬层很厚，往南和往东比较薄。裴先生告诉我们，灰烬层是灰黑色的，层内有很多用脉石英和砾石人工打制的石器，还有被烧裂开的骨块和石块，它们都很重要。

由于挖掘很容易，得到的材料也多，每天能装满几大筐抬回办公室。晚饭后，王存义和技工柴凤歧等用鬃刷将化石刷洗干净，再分门别类地收起来。为了多学点东西，我也加入了刷洗标本的行列，当然

这是出于自愿。

裴先生一再告诉我们，灰烬层和在灰烬中发现的石器很重要。经过中国地质调查所化验和德日进拿到法国化验，灰烬层确确实实是灰烬。灰烬层中发现的裂开的石块和骨块也是燃烧的结果。石块和骨块经过火烧可以开裂我相信，但有些石块愣说是人工打裂的石器，我就蒙头蒙脑了。在刷洗这些石器时，我对它们格外注意。特别是1931年法国人步日耶（H. Breuil，1877—1961）来华以后，我更认识到发掘工作的意义。

1931年，巴黎人类学古生物学研究所高级职员、法兰西大学史前学教授步日耶来华观看了周口店发掘出来的标本，他不仅完全承认所发现的石块是古时人工打制的，还认为其中的许多鹿角和碎骨有的也是经过人工打制的骨器，这些都是四五十万年前人类的遗迹。我听说后很吃惊。

练习生的地位在研究部门里是最低的，但仍属"先生"行列，能和各级领导同桌吃饭。除了这些，受苦受累的活都是我的事：买发掘用的物品；与来访的学者到各处看地质；他们采下的标本，装在背包里，叫我背着；我还要和工人们一起挖掘化石。

对于挖掘，我最有兴趣。开始时我什么都不懂，挖出了化石就向工人们请教。他们会告诉我：这是羊的，这是猪的，那块是鹿的。认识的化石越多，就越觉得发掘工作有意思。跟着专家学者在山上到处跑，查看地质，累是累，但时间一长，从他们那里也学到了很多地质方面的知识。

特别是卞美年，他一有闲暇，就带着我在龙骨山周围看地质，不但给我讲解地质构造和地层，还教我如何绘制剖面图。他待我非常友好，我对他也非常尊敬，我们成了挚友。现在他虽在美国定居，但是我们还经常通信。我到美国访问，第一件事就是去看望他，我总是把他看作启蒙老师。裴文中对于我和卞美年不懂的地方，也耐心赐教，从不拿架子。我不但敬佩他，也越来越喜欢向他请教。我从他那里也学到了很多的东西。

那时，我每月的工资是25元，后来地质调查所发现错了，每月应为26元，又给补加了1元。后来，干得好的、工资在50元以下的每月可增加5元；50元以上的，每月可增加10元。能挣到26元，对我这个刚参加工作不久的青年来说，已经很知足了，何况干得好还有加薪的希望，加之我对发掘工作已产生了很强烈的兴趣，认为能从中学到很多东西，所以我每天都是乐呵呵的，从不叫苦叫累。

杨钟健看我每天从早忙到晚，没有一点儿怨言，就对我说："搞学问就像滚雪球，越滚越大。"我一直铭记在心。只是后来我根据自己多年的体会，又在后面加上了一句"不滚就化"。在周口店工作的时间长了，才知道裴文中在周口店工作的成绩和贡献非常之大。1929年12月2日，他发现了第一个"北京人"头盖骨，这不用说，

> 对于这句"搞学问就像滚雪球，越滚越大，不滚就化"你是如何理解的？

周口店这块山场，包括整个龙骨山和它以西的小山的多一半，就是经裴文中之手，从当地的鸿丰灰煤厂买下来的。原来鸿丰灰煤厂在这里开采石灰岩烧石灰，由于遇到了很多洞穴，洞穴里又有沙土的杂乱堆积，赔了钱而关闭。1927—1928年，李捷和步林到这里挖掘，是向鸿丰煤厂租赁的。裴文中后来花了4500元把它买了下来，这不但有利于发掘，鸿丰灰煤厂也把赔了的损失补了回来，当然这是两厢情愿。

再有，周口店的发掘工作越来越扩大。1931年下半年，在裴文中的筹划下，我们花4900元在山上盖了一所北京式的房屋。这是所三合院的房子，大门朝东，有个门楼，北房三间，西房三大间，南房三间，另外在后院盖了五间，作为技工住房和厨房之用。行军床也换成了铁

床。裴文中先生为大家改善了居住条件，人人都非常满意。这与到处跑耗子的刘珍店相比，像进了天堂一样。我还清楚地记得，搬入新房之后，裴文中住在北房的里间，外面两间是相通的，由卞美年住。西房为宽大的正房，我住在里间，外间也是相通的，作为吃饭和接待来访客人的客厅。周口店的发掘工作，每年只在春秋两季进行。夏天雨水多，发掘现场泥泞不堪，冬季地层冻得很坚硬，发掘时会损坏化石。所以夏冬两季我们回到北京，进行标本的整理和修复工作。

狗骨架和两本书

    每到发掘的时候，我们就事先到达周口店，把准备工作做好之后，新生代研究室的负责人抵达周口店，与裴文中一起商量发掘地点。待一切敲定了之后，就全盘由裴文中负责调度。

    1931年9月，这年的秋季发掘开始了。连我这个什么也不懂的小学徒，也猜到准是继续发掘Q2，因为这里发现了很多石器及哺乳动物化石和牙齿。果然不出所料，在这季的发掘中，除了发现了许多动物化石以外，还发现了一块人的锁骨和一块被火烧过的木炭。人的锁骨是第一次被发现，这令步达生非常高兴。而那块木炭经植物学家鉴定为紫荆木炭。过去的发掘，发现过很多朴树籽，这次发现使我们了解到"北京人"烧火用的木柴至少有两种。

    在鸽子堂，经过一年两季的挖掘，从洞底部往下8米深所遇到的红、黄和黑色泥土，也就是前面所说的Q1、Q2层中，发现了人的锁骨，我们把发现地点称之为"G"地。这里的灰烬层都挖空了，往下遇到了坚硬的角砾岩。在角砾岩中虽然也发现了一些石器和化石，但不多，因而鸽子堂的发掘工作就停止了。

    1932年春，各位领导经过长时间的磋商，决定挖掘鸽子堂以南到洞壁以东的部分，我们称之为东山坡。此处外露的地层多为角砾岩，很不容易挖掘。

就在这一年，我们改进了发掘方法，从过去不规则的到处漫挖，改为考古式的发掘。我们先在南洞壁上用钢钎打上等距离的孔，楔上木橛（jué），再往木橛上钉上铁钉，挂上线坠垂直地面，然后根据指南针，在南北方向拉上等距离的白线绳，用石灰水沿线绳画线。东西方向以此类推，打出横线，分出方格。横向按A、B、C、D……编号，纵向按1、2、3、4……编号。这样就可以知道发现的东西在哪个位置，再按比例绘出平面图。

分好格后，我们又在南北向先开出深沟，查看埋藏情况，然后由一名技工带着一个工人在规定的格内挖掘。另外，每个方格内挖出来的土石有专人清理，分别放在各自的地点，经过筛选后再处理掉，怕的是标本有所遗失。

这一革新举措，给以后的研究工作带来了极大的好处，避免了重要材料的遗失。即使在清理土石中找到材料，也能知道是哪个地点、哪个层位中的。

这一年虽然改革了发掘方法，但发现的材料却不多，除了一些石器和骨器之外，别无所获。这些材料经裴文中、卞美年检查之后，用毛头纸包好，装入大筐运往北京的研究室。

裴文中、卞美年因在周口店没有发现什么重要材料而回北京研究。我留在周口店，除了查看现场和做每天必须做的工作外，没事就看书。这一年，我从书本上学到了很多知识。

当时，古人类学和古脊椎动物学在中国刚刚起步，国内连一本哺乳动物的教科书也没有。就连裴文中、卞美年也是边干边学。有一天，裴文中在中国地质调查所图书馆，发现了一本1885年伦敦麦克米兰公司出版、福罗尔著的《哺乳动物骨骼入门》。这本32开、373页的英文书，对于我来说成了宝贝。我们轮流着看，晚上大多是我看。

全书共分20章，按照裴文中的指导，我先读哺乳动物的骨架，狗的头骨和灵长目、食肉目、食虫目、翼手目、啮齿目等章节。本来我的英文底子就不好，再加上书中专有名词太多，有些专有名词，英文字典上还没有，所以只好边读边向裴文中、卞美年请教。

书读起来很费力，开始每天只能读半页、一页，有些名词要死记硬背。功夫不负有心人，我还真的按裴、卞的要求啃完了。我感觉我的脑袋开了窍，对挖掘出来的骨骼化石的辨认能力有了长足的进步，也无形中对自己的工作更增添了兴趣。

我们都感到这本书对我们非常有用，可是按地质调查所的规定，借出的书到期必须归还，也不能续借。怎么办？裴文中提议复印。他认识一位德国人，这个人从故宫博物院买回了一些印刷机器，准备开个印刷厂。裴文中拉着我到西郊找他。他看了看，说可以印，只不过书皮是布面的，要贵点。商量半天，讨价还价，最后结果是复印10本50元，书皮我们自己想办法，成交了。

回来以后，我们就自己动手制作书皮，用的是花纸。其实也很容易，先往大瓷盆里放入清水，然后滴入不同颜色的油漆，用筷子轻轻点几下，水中即出现了美丽的波纹，再把道林纸放进去打湿，拎出来晾干，就成了漂亮的花纹纸。我们自制了8开的几十张花纸，送给了那个德国人。不久，32开本的书送来了，我花5块钱买了一本，其余的都留在裴文中手里。如果他没有卖出去，大概也都积压在他手里了。这书至今我仍完好地保留着。

为了更好地认识动物的骨骼，我还和工人商量，打一次野狗。在周口店的山坡上经常有野狗窜来窜去，尤其在夜晚，野狗常常聚在一起撕咬号叫，扰得人难以入睡。打狗吃狗肉大家都很愿意。我对狗肉不感兴趣，只希望能得到一副完整的骨架。

后来还真的打到了一只大野狗，工人们七手八脚地扒皮、去内脏。

我在一边不住地叫喊："不要弄坏了狗骨头。"一大锅香味十足的狗肉炖熟了，大家争先恐后，拌着大蒜和辣椒大吃起来。看着工人们吃得那样香，我在一旁仍不住地大声叮嘱："不许啃坏了我要的骨头！"笑得大家肚子都疼了。

餐后，我把骨头重新煮了一遍，剔去骨头上的筋筋脑脑，再用碱水煮去油，最后我亲手装起了一具完整的狗骨架。这可是我的私人财产，我在骨头上的不同部位涂上了不同的颜色，按《哺乳动物骨骼入门》中图上的名称，一一对应写在骨头上。在制作、写名称过程中，我对哺乳动物，特别是对狗的认识更加系统了。

我把我自制的狗骨架和研究室内的狼骨架做了认真的对照，发现狼的牙齿排列较稀，牙间空隙大，所以吻部延长，成粗锥形；而狗的牙齿排列密，吻部短。这样学习，比从书中学更加直观，记得更清楚，学得也更扎实。

为了提高自己的文化水平，在发掘间断期间，我还特别愿意帮助杨钟健和裴文中打英文稿件。可别小看这种工作，它能提高我的英文水平，也能从中学到很多动物名称的专业用语和知识。

一天，我从娄公楼的办公室出来，信步走进了东安市场。我想，何不逛逛书摊和书店呢？在中原书店里，我突然发现了一本很新的英文书，是纽约查尔斯·斯克里布之子书店1925年出版的，纽约自然博物馆古脊椎动物学家、美国科学院院士亨利·奥斯朋著的《旧石器时代人类》(Men of the Old Stone Age)，我高兴得跳了起来。但一问价钱，又吓了一跳，书价是我月工资的三分之一！寻思了半天也没舍得买。

到家后左思右想，感到这本书对我非常有用，第二天跑了去，还是把它买了回来。

这本书内容全，也通俗易懂。对于古人类，不管是欧洲发现的还是欧洲之外发现的，书中都做了解释。人类如何制造石器、打击石片；

什么叫石核，以及石核、石片的特征等，书中都有图解，并加注了名称。书中对前舍利（Pre-chellean）时代工业、舍利（Chellean）时代工业、阿舍利（Acheullean）时代工业、莫斯特（Mousterian）时代工业、奥瑞纳（Aurignacian）时代工业、梭鲁特（Solutrean）时代工业、马格德林（Magdalenian）时代工业以及最后的阿兹尔-塔登奥伊森（Azilian-Tardenoisian）时代工业和文化，各个时代的气候、地理、冰期、间冰期等都一一做了介绍。

现在看来，此书内容虽然已显得过时，但从查阅发现古人类的地点资料来看，还是有一定价值的。它对我学习古人类和旧石器文化帮助很大。

以前裴文中曾给过我他的著作的单行本，如1931年在《地质学会志》上发表的《周口店洞穴层中国猿人层内石英器及他种石器之发现》，1932年他与德日进在同一刊物上发表的《北京猿人石器文化》等，我看了后总是似懂非懂，不得要领。读了《旧石器时代人类》一书，反过来再读裴先生的文章，很多地方就明白过来了，这对我以后专门研究旧石器有极大的促进作用。

上面提到的对我极有帮助的两本书，至今我一直完好地保存着。《旧石器时代人类》我都翻散了，后来又重新装订好。我宁可做笔记，也舍不得在书上写注。现在，我还经常翻阅它，它也仍能给我带来某些启发。

这一年，虽然改进了发掘方法，但发现的东西不多。然而我从书本上学到了很多专业的基础知识，所以，对于我来说，这是个丰收之年。

难忘的升级考试

　　1933年年初的一天，我在西四兵马司的办公室整理标本。忽然杨钟健把我叫去，给了我一个大纸盒，里面装的都是哺乳动物的牙齿，他要我鉴定后，再写好标签给他。

　　我抱着纸盒回到自己的办公桌前。我认为这个工作很容易，因为这些牙齿中有许多是来自周口店第1地点（即"北京人"化石产地）。其他地点的牙齿鉴定虽然有些困难，但也能鉴定出个大概。

　　两天后，我把鉴定好的牙齿交给了杨先生，他一看就火儿了："这叫什么东西，我要的不是中文标签，是拉丁文的。重新来，写好了再给我！"好嘛！给我来个大窝脖儿。我做了个鬼脸，赶忙抱着纸盒跑回了自己的办公室。

　　经过两年的挖掘锻炼，我从书本上学到了不少。我经常帮助杨、裴两位先生打英文稿件，稿件中一些拉丁文名称，我不但做了记录，也背熟了很多。"北京人"产地发现的材料，我都一一摸过，对它们的颜色、分量也大致了解，只是材料编号很乱，有些编号还需再搞清楚。这回我更加细心，花了3天时间，重新鉴定牙齿，并一一打出拉丁文名称和编号。当我再次把大纸盒交到杨先生手里时，他仔细检查，然后高兴地笑了。

又过了一天，卞美年告诉我："杨先生是在考你。告诉你吧，你要升级了。因为我听到头头们对你的学习和工作倍加赞赏。"果不其然，不久我就从练习生升为练习员（相当于大学毕业生）。

当消息传开，一些地质调查所的大学毕业生对我说："你赚大发了，高中毕业才两年，就跟我们一样了。"我心里很明白，知识是自己努力学习得来的，靠占小便宜学不到。要想学有所成，自己还得刻苦努力。这次占点小便宜也是不懂就问的结果。

> 成功源自勤奋，所有的成功都离不开辛勤的汗水。要想取得成功，勤奋永远都是不可或缺的一个因素。

5月13日早晨，我随杨钟健、德日进、裴文中一起到达周口店。当天下午就讨论了本年度的发掘计划，最后决定放弃东山坡，集中发掘山顶洞。如果山顶洞收获不大，还有时间改挖其他地点。这次的目的是寻找人类在发展过程中的缺环。

自1929年12月2日裴文中发现了第一个"北京人"头盖骨之后，为了了解"北京人"化石堆积和分布的情况，1930年裴文中已经清理了龙骨山北坡的地面。他把杂草和乱石都清理得差不多了。在龙骨山北坡，含"北京人"化石堆积、东西方向的巨大洞穴靠近南洞壁的上部，发现了这个山洞，我们给它起名叫山顶洞。它以前被杂草和乱石掩盖，没被发现。洞里的堆积呈灰色，地层较松软。杨、裴两位先生估计，如果山顶洞里发现人类化石，其时代比"北京人"晚，也只是代表人类在发展过程中的一个缺环。计划定下来后，还有一些细节需向上级请示。15日杨、德、裴返回北平，留下的人利用这段时间，清理"北京人"化石产地两端，即山神庙以东一带的地表。19日裴回到周口店，我们商量了发掘步骤，第三天正式发掘开始了。

最初山顶洞外露的空隙不大，洞口朝北偏东方向，很窄。洞内南北向，像条甬道，北边约3米宽，南边最宽有8米，形状像一个火腿。原来东半部的洞顶已经风化破碎，被拆除了。发掘仍采用分格的方法，每格定为半米，每个水平层也是半米。我们绘制了1：50的平面图和剖面图，以备往图上填发现的记录。就在这一年，又规定了每日在固定时间内，在发掘地点的东、西、南三面各照相片一张，作为原始记录。

由于裴、卞需经常回北平写论文，绘制平面图、剖面图和照相的任务都交给了我，所以我还必须学会照相。他们也常来常往，我有了重要发现就报告给他们。

我这个刚刚升为练习员的"先生"，除了跑地点、查看发掘情况、做记录、照相、填日报（每天发现的东西都要填写日报）外，还要采购发掘物品、给工人做工资表、发工资等。这些差事统统压在我肩上，每天忙得我脚丫子朝天。即使这样，我还给自己加任务：每天读几页奥斯朋的《旧石器时代人类》。

学会"四条腿走路"

　　最初的发掘只限于山顶洞的洞口部分及以南被拆除的洞顶的东半部。在洞口附近发现很多兔化石，还有从洞顶塌落的碎石和少许碎骨片。骨片上有人工打击的痕迹。在灰烬层中发现了被烧过而变黑、变蓝或变白的骨片。东半部的化石比洞口附近还丰富，以鹿类化石为最多，并有完整骨架出现。此外还发现了将要出生的胎儿头骨碎片和人类的牙齿、一小部分躯干骨、石器、骨器和装饰品。最引人注意的是一枚骨针，它和人的中指一般长，火柴棍粗细，一头很尖，一头带孔，稍稍弯曲。可惜针孔部分原来就破裂了。骨针的发现，足以证明当时人类已穿上缝制的皮衣了。

　　发掘到洞的西半部时，又发现了一个洞穴，洞中的堆积与东部相连，说明它们原为一个洞穴。在这个新发现的洞内，发现的化石也很完整，有兔、鹿、鬣狗、獾和虎的化石，大部分是完整的骨架。

　　一有材料发现，裴文中就亲自坐镇。他每天上下午都在现场，嘱咐大家要小心，不要挖坏和丢失材料。装饰品尤其如此，它们体积很小，极易被丢掉。一些发现的装饰品，都保存在裴文中的文件柜里，有时我还请他拿出来欣赏，过过眼瘾。

　　11月间，在有洞顶部分的洞穴堆积的两侧遇到了一个向下伸展的陡坎，在陡坎之下半米深处，发现了完整的人头骨3个、躯干骨一部分。在躯干骨之下有赤铁矿粉粒，还有装饰品和石器。我国很多地方都有埋葬死者时撒赤铁矿粉的习惯。人头骨的发现，说明我们真正挖到了祖坟。

1934年春季，我们继续挖。在西部堆积的最下部，发现了大量的食肉类动物化石，这些动物的骨架是重叠在一起的。在最下部的红色土层中，发现了一块人的上腭骨，与"北京人"的很相似。这段时间里，除了发现这点人的材料外，再没有什么新的文化遗物发现。至此山顶洞的发掘工作停止了。

在山顶洞发现的人类头骨和现代人的头骨相比，没什么明显差异。我们发现的所有人的材料中，连残破的都计算在内，经魏敦瑞观察和研究，共有7个个体，其中有一个男性老人，两个女性青年，一个不知性别的少年和两个婴儿，他们都属于黄种人。山顶洞中发现的石器和骨器很少，至今也没有做出满意的解释。

在山顶洞的堆积中发现了大量的装饰品，这些装饰品中，狐和獾的犬齿最多，鹿和野狸的次之，虎的门齿最少。这些牙齿的齿根上都钻有孔，而且是两面对钻的。这类牙齿共发现了125颗之多，几乎各层都有发现。

除此之外，我们在一个女性头骨外包裹着的土中，还清理出7颗石珠。石珠比莲子稍大，是用石灰岩制成的，它一面磨平，一面微凸，边缘有敲击的痕迹，中间也有钻孔。还有一件钻了孔的扁而长的小砾石。另外还发现了4个长短不同的骨管，骨管有钢笔粗细，表面刻有沟槽。堆积中还发现了3个海蚶（hān）壳及一个青鱼的上眼骨。在海蚶壳绞合部附近凸缘部磨穿的孔较大，而青鱼眼骨边缘钻的孔很小。这些材料的发现，都证明了早在1万多年前，生活在山顶洞的人们，已经懂得美，并非常爱美。他（她）们用项饰、头饰和身上的佩饰来打扮自己，所用的钻孔工具和技术也非常高明。

　　除了上述的人类材料、脊椎动物化石材料、装饰物外，我们还发现了鲕①状赤铁矿碎块，其中有两块似人工从中间剖开，还可以合在一起。它们表面有并行的纹道，表明当时的人从上面刮下粉屑，当作颜色使用。因为我们发现一块椭圆形砾石，表面被染成了红色。另有一块鲕状赤铁矿碎块，一头磨得很圆滑，很可能它被当作画笔使用过。不过，我们还没发现过壁画之类的痕迹。

　　上述发现，证明当时的山顶洞人能用高超的工具和技术，在动物的牙齿、骨骼上钻孔，制成装饰品来打扮自己，满足爱美之心；能用动物的细骨制成骨针，缝制御寒兽皮衣；能用鲕状赤铁矿碎石制作颜色或当"画笔"。

　　当然还有很多疑问难以解释，例如：缝制皮衣的线或穿装饰物的线是用什么做的？鲕状赤铁矿产地在北京西北的宣化，离北京有100多千米，山顶洞人的活动范围有那么远吗？海蚶壳产于沿海一带，他们是怎样弄到这些海蚶壳的呢？这些疑问，裴文中先生也没能解释，他只是认为山顶洞人当时活动的范围很广。

　　这些疑问，也常常在我脑海中徘徊，一时不得其解。20世纪40年代，李捷先生任河北省建设厅厅长，他的得力助手钱信忠先生曾对我说，在离南苑不远的地方，钻探地下，不太深即遇到了海相粗大的石英沙粒，证明北京很早曾是个海湾，且成陆很晚。所以，有可能海蚶壳产地离周口店很近。

　　在"北京人"遗址下部，我们采到了一块带窝槽的圆形砾石。它有拳头大小，石质为细沙岩，窝槽周围有压出来的痕迹。后来地质学家王日伦先生（1903—1981）到周口店参观，经他查看，认为该压坑

——————————

① 鲕〔ér〕 鱼苗。

是冰川造成的。他带着我在周口店一带寻找冰川遗迹。经他指点，在沿着西山根以北约1千米处，我们发现了数米长、两米宽的羊背石。

羊背石是冰川滑动过程中形成的，它的形状像羊背，羊背石的上面有冰川移动后产生的划痕。以后，我又把这块有压坑的砾石给地质学家李四光先生（1889—1971）看，他也确定压坑是冰川造成的无疑。他把这块标本留了下来，说："如果有人反对周口店有过冰川，我就拿这块标本给他看。"

后来裴文中、刘东生、汤英俊等又前往调查，在周口店西南太平山坡下的砾石层中发现了几块赤铁矿石，这证明山顶洞人使用的鲕状铁矿石，也是由于冰川运动而带到山顶洞附近的。那么，山顶洞人缝衣服和穿装饰物的线是用什么做的呢？用植物纤维不成，孔太小，纤维一抻①就断。20世纪50年代后期，文物管理学家王冶秋先生曾将一把像生丝一样的东西拿给我看，并问我是何物。我看了半天也说不出来。他说："这是黑龙江鄂伦春或赫哲族人缝缀皮衣用的线。"我在1976年唐山大地震时，也曾去过黑龙江十八站——那里正是他们生活的地方——曾得到过几根这种既坚韧又半透明的细线。

当地人把猎来的驼鹿，在靠近脊椎处将两条肉割下，晒成半干，然后用锤砸。干肉被去掉后再梳洗几遍，就可以制成这样的线。山顶洞人很有可能也是用这样的方法制出缝皮衣和穿装饰物的线的。如果真是如此，说明这种线起源很早。

两年多来，我有了长足的进步。这一方面来自实践，另一方面来自书本。我已养成习惯，不管多忙，也要看书和阅读专家写的文章，并认真做泛读笔记。正像杨钟健先生对我说的那样："搞学问就像滚雪球，越滚越大。"我就是这么做的，所以我对它的体会最深。

---

① 抻〔chēn〕拉；扯。

杨钟健还对我说："搞我们这行，要'四条腿走路'。这四条腿就是'古人类学''古哺乳动物学''旧石器考古学'和'地层学'。"

　　他所说的"四条腿走路"，虽然只有五个字，但给我以后的学习和工作指明了方向。今天看来，他的话对我们研究所和搞这行的人来说，也具有深刻的意义和影响。

刻在心间的名字

　　人有生就有死，生命有长也有短。有人死后让人感到悲痛和怀念，也有人死后受到唾弃和谩骂。为什么？用一把尺子衡量，那就是在他活着的时候，是与人为善还是与人为恶；在工作上是勤勤恳恳有所成就还是碌碌无为虚度年华。步达生的死就使许多人感到悲痛。

　　步达生，1884年7月25日生于加拿大多伦多。1934年3月15日逝于北平他的办公室内。他1919年来华，先后任北京协和医学院解剖科主任、神经学和胚胎学教授。1926年在周口店发现了人类牙齿之后，他力排众议，不但承认人是从猿进化而来的，还给"中国猿人"定了拉丁语的学名——Sinanthropus pekinensis（原意是北京中国人）。到1935年德国犹太人魏敦瑞来华接替了步达生的工作后，其学名才改为Homo erectus pekinensis（北京直立人）。

　　步达生的年纪比我大24岁，按中国人的习惯他应属于父辈。他身材瘦小又有点儿驼背，但总是笑容可掬，待人非常随和，大家都喜欢和他接触。他总是教导青年人要好好干。

　　在中国地质调查所新生代研究室成立的过程中，步达生做了大量的工作。他先与美国洛克菲勒财团联系资助，后又与地质调查所协商成立新生代研究室的各项事宜。新生代研究室成立后，他任名誉主任。

步达生是个医生，患有先天性心脏病，他深知应该多休息，别人也经常这样劝他。可他把研究工作看得很重，很少有休息的时候。为了早日完成工作，他常常熬夜甚至通宵工作。一工作起来他就把自己的病抛到脑后。他去世之前的那天下午，杨钟健在下班前还到过他的办公室，与他谈论工作。杨先生走后，也曾有人找过他，敲他的门，没人答应。最后到处找不到他，有人把他办公室的门撞开，才发现他趴在办公桌上，手里捧着人头骨，已经过世了。

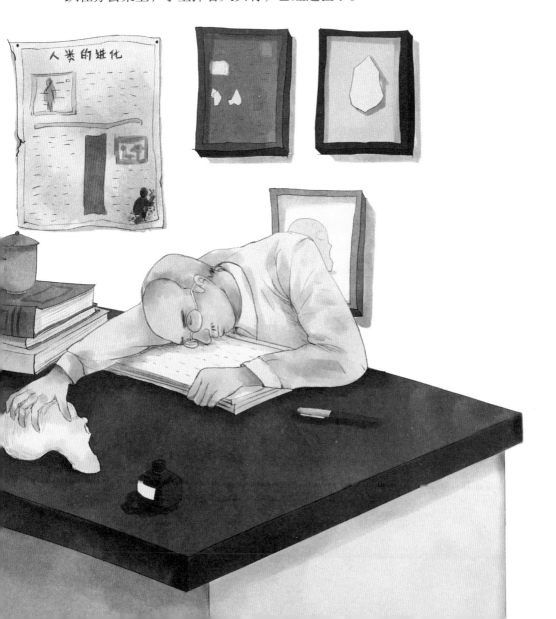

对步达生的死，大家极为悲痛，我也深受震动。他那样勤勤恳恳地工作，我比他年岁又小那么多，在工作上和学习上岂能偷懒？从此我下定决心，一定要把知识学到手，努力工作，做出成绩来。

我永远不能忘记的另外两位前辈是裴文中和杨钟健。他们对我的培养和帮助是我工作上、学习上不断取得进步的重要因素。

裴文中先生1904年3月6日生于河北省丰南县[①]，1927年毕业于北京大学地质系，毕业后即进入地质调查所工作。1927年起参加了由李捷和步林共同组织开展的周口店大规模发掘工作。1928年李捷到南京中央研究院任研究员，1929年步林参加"中瑞西北科学调查团"工作，周口店的发掘就由杨钟健和裴文中两位担任。1929年杨钟健与德日进前往山西和陕西北部考察地质，周口店的工作由裴文中一人负责。

裴文中为周口店的发掘付出了心血，立下了汗马功劳。在周口店期间，他从早到晚不停地工作，既无星期天也无休息日。他和工人一样，日出而作，日落而息，就像过着原始生活。

他对工作，特别在管理方面抓得很严。不管有几个发掘地点，他都是东奔西走到处查看，唯恐失漏和挖坏了标本。他严格地执行着填写"日报"和"月报"制度，还经常改进一些运送渣土的方法，以减轻工人的劳动强度。

他没什么嗜好，很少进戏园子和电影院。当时收音机很盛行，但周口店工作站没有。他平时好说笑，话语中经常带点苛刻和调侃，逗人发笑。我参加了周口店的发掘工作之后，登记标本，填写日报、月报等杂七杂八的工作就交给了我，以前这些事都是由他一人承担的。

1929年12月2日下午4时，他发现并亲手挖掘出了"北京人"头盖骨，他就像发现了宝贝一样。那时已经日落，洞里特别黑，他点着蜡

---

① 丰南县　今河北省唐山市丰南区。

烛，还是把它取出来，脱了上衣，裹着它，小心地抱着，慢慢走回了办公室。从此他成了国内外的知名人士。

在以后的工作中，他仍然一丝不苟，从不拿"大"。他是学地质的，对古人类学和古生物学也是边干边学。从1932年起，他对周口店的食肉类化石产生了兴趣，经常一边翻阅文献一边拿着现在的兽类骨骼做对比，有时到深夜还在研究。功夫不负有心人，不到两年，他就完成了《周口店猿人产地之食肉类化石》的巨著。

在工作中他有"三勤"，即口勤、手勤、腿勤。每当野外调查，他知道了化石的出处后，不管路多难走也要亲自跑去查看，遇见化石必亲自动手挖掘。他从不把别人发现的材料作为自己的研究资料。我在《令人怀念的裴文中先生》一文中写道："他最大的优点是对人和蔼，从不拿'大'，吃苦耐劳，乐于助人。"在与他一起工作期间，我从他的言传身教中，学到了很多宝贵的东西。

杨钟健先生也是如此。他1897年6月1日出生于陕西华县，大我11岁。他为人厚道，善于育人，一生培养了很多人才。他尊老爱幼的精神为人称道。

1919年他考入北京大学地质系。孙云铸先生（1895—1979）比他先一年毕业，后留校任助教。他们的年岁差不多（孙云铸只比杨钟健大两岁），但杨钟健一直称孙云铸为老师，而孙云铸身着布衣、布鞋，头顶旧草帽来我们研究所时，也一直称杨钟健为先生。杨钟健是个急脾气，工作不顺心时就发火，而后他感到自己做得不对，又会亲自向你赔礼道歉，从不计较。

有一次他看到了我请别人为我刻的一枚藏书章，因为上面只刻了"贾兰坡藏"四个字，没有书字，他就问我这章是藏什么用的。我心想，这个是明知故问嘛！除了藏书还能干什么！我没好气地说："藏什么都可以。""盖在馒头上呢？""盖在馒头上藏馒头，盖在窝头上藏窝头。"没想到，他居然呵呵笑个不止。仔细一想，他问得有道理。之后，我又请人重刻了一枚"贾兰坡藏书"的章，但这枚章我从未用过。

他对标本的陈列很重视。抗日战争爆发后，中国地质调查所南迁，地质调查所陈列馆的许多标本也运往南京。当时杨钟健任北平分所所长，他嘱咐我重建陈列馆。我把山顶洞发掘出来的完整的动物化石，组装成骨架，按当时的生活环境和方式，在丰盛胡同3号南大厅开辟了一块山顶洞时期动物生活的小园地。杨钟健非常感兴趣，常常来指导工作，这些材料现在保存在中国地质矿产部地质博物馆内。

中华人民共和国成立后，杨钟健除了担任中国科学院编译局局长外，还任中国科学院直属的古脊椎动物研究室主任。

我除担任研究工作外，还兼研究室秘书并负责周口店和研究室的标本管理工作。

有一天，某大学来函索要周口店"北京人"产地发现的动物烧骨，我就到丰盛胡同3号后楼的标本柜里寻找。突然，我发现了一块外表像人类胫骨的化石，长度比中指长。之后，又找到了一块被烧过的人的肱骨。我马上给杨钟健通了电话。他听说后要我马上带着标本去见他。

杨钟健仔细地看了标本，第二天又来到了兵马司仔细查看。他问我："你是怎么区分出它是人的呢？""再小也能区分得出来。骨头只要带着外皮，有蚕豆大小就能分辨。"他兴致勃勃地说："那我得考考你的眼力。"说着叫人把几块人的肢骨和动物的肢骨背着我用纸盖住，纸上只撕了一个手指盖大的孔，让骨面露出来，然后叫我辨认。我看了一会儿，就把人的肢骨指了出来，一点儿没错。杨先生高兴地说："真有你的。"过后杨先生一再叮嘱我，要我把辨别的方法写出来发表。在他的鼓励下我写了一篇《如何由碎骨片中辨认出人骨》的短文，发表在《科学通报》1953年2月号上。

能够辨认人骨和动物的骨头是我平时注意观察的结果，我摸索出了一些经验。人的骨头表面有许多棕眼式的小孔，暂且叫它为纤孔，以肱骨表面最为明显。

纤孔是顺着骨头长向而生的，带有尾式沟，在放大镜下观察像蝌蚪，呈大头长尾状。纤孔排列不规则，有的上下倒置。纤孔多是向侧方倾斜穿入骨里。纤孔较大是人骨特有的性质，而一般兽骨表面的纤孔较细小、平滑。虽然有时骨骼放得久了，因受气候的影响，受酸性物质的侵蚀，骨的表面会发生细微的裂纹，但兽骨只是有沟而孔很少，远没有人骨的多。

通过自己的努力，我取得了一点儿成绩，受到了前辈们的支持和鼓励。反过来，这些成绩也增加了我继续发奋的信心。所以说，没有自己的努力，没有老一代科学家的支持和帮助，一个人获得成功是不可能的。

老一辈科学家是作者心中的榜样，给了他无穷的动力。所以说榜样的力量是无穷的。试着说一下你心中的榜样吧！

在我家的客厅里，还挂着老一辈科学家的照片。虽然他们大多数都去世了，但当自己在工作中遇到困难的时候，看一看这些前辈们的照片，从中也能得到很大的鼓舞。

主持周口店发掘

按照预先的安排，裴文中1935年要去法国留学，所以从1934年起他就不经常来周口店了，他要在家学习法文。卞美年对考古这项工作不感兴趣，他对经济地质感兴趣。而这一年的春天，我又晋升为技佐（相当于助理研究员或讲师），周口店的工作，实际上由我在负责。

从实践中，我学会了挖掘的程序，一些原来由裴先生承担的工作，如绘制剖面图、平面图，照相，标本的记录、编号，填写"日报""月报"等既多又杂的工作，只要我学会了一样，裴文中就会叫我多干一样，这也无形中锻炼、培养了我。

裴文中要走，领导想把主持周口店发掘的工作交给我来做，让我接裴文中的班。我虽然热爱这项工作，但总觉得自己不够格，感到压力很大。经过杨钟健的一番开导，我也只好从命了。

主持周口店工作以后，我生怕自己胜任不了，把工作办砸了，心里一再打鼓。不久，杨先生派来了燕京大学生物系毕业的孙树森和北京大学地质系毕业的李悦言参加周口店的工作。杨钟健打算叫孙树森跟我合作，叫李悦言学习如何发掘和处理化石。我心里很高兴，这回有了伴，遇见什么事也可以商量了。可是没过多久，孙树森就开始埋怨，说这是把他发配到周口店，整天和石头、骨头打交道，毫无乐趣。他没待几天就走了，据说后来到某个中学教书去了。李悦言也只干了一年多，就到山西垣曲搞始新世化石去了，结果周口店又只剩下我一个人。

就在我接班的这年，德国犹太人、世界著名的古人类学家魏敦瑞（Franz Weidenreich，1873—1948）来华接替步达生的工作。来华之前，他在美国芝加哥大学任解剖学和人类学教授。那时候他就认为，周口店发现了头盖骨、下颌骨和许多人牙，但人体的骨骼很少，是由于发掘的人不认识的缘故。

到了北平之后没几天，魏敦瑞就到周口店检查工作，之后又接二连三地到周口店勘查地层，仔细观察工人们挖掘化石的工作，还问过我大型食肉类动物的腕骨与人的腕骨有什么不同，我对他做了详细的解答，他很满意。最后他对周口店的工作信服地说："这样细致的工作，不会丢掉重要东西，是可靠的。"从此以后他不常来周口店，每个季度大约只来一两次。1935年的发掘主要集中在"北京人"遗址，只有一小部分人仍然发掘山顶洞的下部堆积。这一年的结果，除了发现一些人牙、灰烬层里的一些烧骨和石器外，没有什么新鲜东西。但使我感到奇怪的是，上层发现的石器较小，底层发现的石器较大。我常自问：这是为什么？

没有新发现，就觉得自己的工作没成绩。我向杨钟健建议，停止周口店的发掘，把人员分成几个小分队，由我带着到周口店以外的地区寻找新的地点。我想，古时的人总不会在周口店一处生活吧！杨先生怕改变发掘地点和范围，会有悖于当时地质调查所与美国洛克菲勒基金会两方制定的协议，而得不到资助，反而不好，所以没有同意。

其实，为了找新地点，从1934年起我就开始了行动。有时是我和技工杜林春，有时是和技工柴凤歧等人出去寻找。我们往西到了斋堂，

即马兰台（"马兰黄土①"的标准地点）。其实所谓的马兰台黄土并不标准，真正的标准地点在马兰台以北、东西大道的北山坡上。

寻找和开辟新地点成了我们额外的工作。特别是与专家学者们一起去勘查，从中更能学到很多地质学、古生物学、古人类学等方面的知识。在20世纪30年代后期，我们曾到离周口店之北数十公里的灰峪，在那里发现过一处很好的哺乳动物化石地点，我们把它编为第18地点，后经德日进研究，此处地质时代为早更新世。

在周口店"北京人"化石地点之南不足2000米的地方，有一座小山，其顶部高出现在的河床约70米。上面有一个簸箕形的沙岩沉积物，沙质很细，沙层薄厚不同。用钢凿把沙层揭开，就发现了鱼的化石。鱼化石很多都是整条整条的，身子还微微鼓起来，鱼刺看得清清楚楚。化石表面还有光亮的鳞片，栩栩如生，十分惹人喜爱。后经科学家研究，其处地质时代为上新世。这证明了七八百万年前，在山顶上是一条河。"北京人"居住过的洞穴，其顶大约也高出地面70米，上面也有一层细沙，细沙上面还有一层砾石。这些都是被大水冲流的凭证，显然这一带的地层曾有过抬升。这些额外的发现，对未来的地壳抬升研究很有帮助。

裴文中先生到了法国，我于当年10月17日收到了他9月24日的来信，信中说："……我觉得我国许多山洞应当钻。上房山云水洞好，请与杨钟健、卞美年二先生去一趟。扁担窝及附近洞也请去看看。地上、壁上都要留心。入洞时要特别小心，不可粗鲁，因时有危险，最好买一部手提电灯，走到十字路口要留记号，以便出来。洞内有水，深浅不易辨别，先试着走。如此可以探洞，或有发现。"这说明裴文中先生

---

① 马兰黄土　中国第四纪黄土分期名称之一。典型的风力堆积物。标准剖面地点在北京市门头沟区斋堂川北山坡上。

也有寻找新地点的想法。

魏敦瑞来了之后，为了寻找人类化石和文化，他想扩大发掘范围，不过还是叫我们先集中力量发掘第1号地点①和在它之南的第15号地点。我每天在这两个地点穿梭般地跑，唯恐丢漏人化石。对于已发现的化石，魏敦瑞没一点儿兴趣。

卞美年从北平给我来信，要我把第15号地点的工作告一段落，即挖完一层就停止，然后集中力量挖第1号地点。他的信对我很有启发。他又在另一封信上说："找不到东西②可以不必发愁。月底收工，如果没有的话，那是死鬼要账③，咱们是变不出来的。"我想想也是这个理，挖不出来我有什么办法。

卞美年的来信虽然给了我一些安慰，但没有发现人类化石，我心里也时常很烦闷。烦闷时，我就把已发现的石器和骨器拿出来观察。以前发现的石器编了目录，骨器也编了号，1932年发现的石器我都亲手摸过，很熟悉。所以一有闲暇，我就对它们进行分类和研究，不料越研究越想再深入，越想深入就越着迷。我想，我何不在旧石器时代考古上下功夫，创出一个新天地，争取做一名高手呢！从此我就为自己确立了新的目标——旧石器考古。当然杨先生说的"四条腿走路"还是必须坚持的，因为它们之间有着内在的联系。

> 作者专注于研究，从而发现了新天地。很多时候，成功的人只是比普通人多了一分专注。

① 第1号地点　即裴文中发现第一个头盖骨的地方。

② 东西　指人类化石。

③ 死鬼要账　北京俏皮话"活该"的意思。

盐井沟挖"龙骨"

人类化石找不到，才觉得开辟新地点很有必要。1935年完成了周口店的发掘工作后，1936年年初经所长批准，我和技工杜林春被派往四川万县盐井沟进行调查和发掘，因为有人在那里发现过很多的哺乳动物化石。

到达宜昌的第二天，我俩就跑到河边勘查，偶然间发现了一块上窄下宽呈尖形的石器。该石器是用火石薄片从两面打制而成的，虽经河水冲刷，但打击的痕迹仍很清楚。从考古上看，它的时代相当于欧洲的旧石器中晚期。能捡到石器，我俩非常高兴，我们马上沿着南岸在河滩上和岸边仔细寻找起来。找了一天，一无所获。我们的目的是到万县盐井沟找哺乳动物化石，所以不敢在此久留。第三天，我们雇了一只小船，沿江右岸逆水上行，往盐井沟而去。

小船载着我俩先到了一个小镇，镇上只有百十户人家。我俩找了一家小店住下。店主人是一对夫妇，他们总共只有三间房，一间他们夫妇住，中间是烧饭的地方，另一间就是我俩住。这里是否就是盐井沟也不得而知，只听说曾有外国人到过这里，挖过"龙骨"（即化石）。第二天我俩由一个十二三岁的小孩领路，前往挖出化石的地点。小孩带我们东拐西绕，到了下午2点多才又来到一个"村庄"。其实，在这个所谓的村庄里，家舍都不相毗邻，东一家西一家的。此时我们饿得肚子咕咕直叫，走到一家门前，看见一位年轻的妇女，想要点吃的。她看看我们说"没有"，就跑进屋了。领路的小孩指了指在外间屋子挂着的篮子，杜林春过去摘了下来，看见里面装的是用稻米饭捣成的饼子。正在这时有位老太太走了进来，她问："是哪里来的客呀？怎么不进屋啊？走，进屋我给你们烧饭。"说着把我们让进了屋，接着又动手把米饼切成薄片，炒了三大碗名为"炒饵块"的食物。我们狼吞虎咽，吃了个精光。我们向老太太道了谢并付给她小孩1块银圆作为饭钱。

其实我们要找的地方沿山路拐两三个弯就到了，并且当地早已为我们准备好了伙食和住处。我们被小孩领错了路。找到了地方后，休息了一宿，第二天早晨天一亮我俩就跑到化石地点查看。一到目的地，心就凉了半截。这里出土的化石并非来自洞穴，而是来自石灰岩地带井式直上直下的深坑。我们借来梯子下去查看，发现里面有很多当地农民挖"龙骨"后剩下的骨头渣子。没办法，我们只好雇了几个农民，把红色的土一筐筐吊上来，我俩在上面捡骨头渣子。我俩也想找个新井穴，但此地植被太多，很不容易找。这样工作了五六天，看看也没什么收获，我们就返回了刚来时住的那家镇上小店。翌日①，我们雇了条小船沿江南岸而下，边行边查看，遇见土层外露的地方，就下船查看。走走停停，这段时间里也未找到东西，我们就又回到了宜昌。在宜昌岸边的始新世地层中，我们得到了一块龟盖和一个相当大的动物头骨。这个头骨我俩花了半天时间才把它挖出来，也算是我们万县之行最大的收获了。

这是我第一次出远门，开阔了眼界，也尝到了地质调查的苦。为了不影响周口店的工作，我们在宜昌草草收场，然后赶回北平。在家没待多久，周口店新一年的发掘工作就又开始了。

----

① 翌〔yì〕日　次日。

125

发现了三个头盖骨

1936年周口店的发掘任务仍是寻找人类化石。李悦言、孙树森两人相继离开了周口店，我又成了光杆司令。魏敦瑞来北平一年多了，除了一些人牙外，没有见到其他重要材料，他心急如焚。其实我们也是如此。更使我们担忧的是，美国洛氏基金会只给了6个月的经费，而魏敦瑞又只拨给周口店每月1000元的费用。如果6个月后再无新的发现，洛氏基金会可能会断了对周口店的资助。

此外，日本侵华战争也正一步步向华北推进，中国地质调查所已随国民党政府迁往南京。

杨钟健就任北平分所所长，他担心新生代研究室得不到资助，会散摊，我会另找工作。当时我已升为技佐，相当于讲师，找一个教书的差事不会很难。他找我谈了几次话。他问我："如果新生代研究室取消，就在周口店成立个陈列馆，你去管理怎么样？愿意不愿意？"我同意了。尽管大家对"后事"都做了安排，但我是周口店的负责人，还是兢兢业业、勤勤恳恳地在周口店干活，一点儿也不敢马虎。杨钟健也是三天两头地到周口店检查工作，他看见大家都用心工作，也放了心。

天无绝人之路。正当我们为找不到人类化石而一筹莫展的时候，在这一年的10月22日上午10点钟左右，当我们发掘到8～9层时，我突然看到在两块石头中间，有一个人的下颌骨露了出来。当时那高兴劲就别提了，我马上趴在现场，小心翼翼地挖起来。下颌骨化石已经碎成几块，每块都被土石包裹着。我们立刻把挖出的化石拿到办公室修理，再用火炉子烘干，第二天派人把它送到了魏敦瑞手中。他看到后，高兴了起来，长时间愁苦着的脸有了笑容。几个月的工夫没白费，发现了下颌骨给大家以很大的鼓舞，我们都来了精神，我决定继续干。11月15日，由于夜间下了一场小雪，到了早上9点钟我们才开始工作。9点半，在临北洞壁处，技工张海泉在他负责的方格内的沙土层中，也挖到了一块核桃大小的碎骨片，当时我离他很近，看见他把骨片放进了小荆条筐里，我问是什么东西，他说："韭菜（即碎骨片之意）。"我过去拿起来一看，不由得大吃一惊："这不是人头骨吗？"大家听我一嚷，也马上围了过来。

我马上派人把现场用绳子围了起来，只许我和几名有经验的技工在内挖掘，其他人一概不许进入。我们挖得非常仔细，就连豆粒大的碎骨也不遗落。在这约半米多的堆积内，发现了许多头盖骨碎片。慢慢地，耳骨、眉骨也从土中露了出来。我们这才明白，头盖骨是被砸碎的。直到中午，这个头骨的所有碎片才被全挖出来。我们将碎骨送回办公室清理、烘干、修复，把碎片一点儿一点儿地对粘起来。

下颌骨发现后，就有人断言"新生代研究室要时来运转了"。我们高兴的心情还没平静下来，下午4时15分，在上午头盖骨发现处的下方略北约半米处，又发现了另一个头盖骨，它的情形与上午的第一个相仿，均裂成了碎片。这时天已经渐黑，我派六个人在现场守护，以防意外，同时打电报向当局报告。

此时，杨钟健去了陕西未归，他的夫人王国桢四处打电话找人。找到卞美年后，卞美年第二天早上急急忙忙跑去找魏敦瑞。魏敦瑞还没起床，听到消息后，从床上跳了下来，急忙穿好衣服，带着夫人、女儿同卞美年一起，由他的朋友开着汽车来到周口店。

我们一宿没合眼，粘好了第一个头骨。当魏敦瑞到来后，我们从柜子里将头骨拿出来给他。他的手不住地发抖，太激动了！他不敢用手去拿，而是把头骨放在桌上，左看右看，着实看了个够。之后他的夫人说，当他早上听到这个消息时，从床上一下就跳了起来，连裤子都穿反了。

午后，魏敦瑞一行又到第二个头盖骨发现的现场，查看挖掘的情况。由于怕挖坏，挖掘的速度很慢，他们只好带着第一个头骨返回了北平。第二个头骨的碎片，直到日落西山才搜索完毕。此时，当地的村民以为我们挖出了宝贝，发了大财，都跑来围观，在回办公室的道路上也聚集着很多的人。回到办公室，我们又是修呀，烘呀，对碴呀，粘呀，折腾了一宿。17日夜，我携着这个头盖骨乘火车回北平，亲手把它交给了魏敦瑞。

真可谓"柳暗花明又一村"。11月25日夜又是一场小雪。26日上午9时，在发现下颌骨的地方之南3米、之下约1米处的硬角砾岩中又找到了一个头盖骨。这个头盖骨比前两个都完整，连神经大孔的后缘部分和鼻骨上部及眼孔外部都有，其完整程度也是前所未有的。大致修理之后，我于翌日携带它返回北平。亲手交给魏敦瑞时，他竟"啊"了一声，两眼瞪着，发了很长时间呆，才缓过神来。

在发掘这三个头盖骨的地方，我注意到了一个问题，就是在前面两个头盖骨的地层中同时发现了大量的石器，其人工打击的痕迹很清楚。唯有第三个头骨，虽保存完好，其出土处也得到些沙石片，但石片上没有人工打击的痕迹。对此我产生过疑问。我一直在想：第三个头骨当初是否被移动过？

11天之内连续发现了三个头盖骨、一个下颌骨和三枚牙齿的消息，

一时传遍了全国和全世界。各地报纸纷纷登载这一消息，领导也特意叫我照了一张相片，洗印100多张，以提供各地报纸发表之用。后来英国一家专门搜集剪报的公司给我来信，说只需付50英镑，就可以把他们搜集到的世界各地发表的、有关发现三个猿人头盖骨的2000多条消息的剪报给我。50英镑啊！我没钱买，去它的吧。

此时，新生代研究室秘书乔石生在给我的信中说："……再者兹有喜事一件请为兄告，即昨日弟往西城工作，在杨大所长桌子上见有翁文灏所长来信云吾兄：'近来在周口店成绩甚佳，虽并非大学毕业，而数年追求很具根基，故应特别待遇，而特奖励'等语，即请兄静候晋级加薪可也。"

中国地质调查所北平分所于12月19日在中国地质学会北平分会上，特别邀请魏敦瑞和我做报告。我谈了挖掘和发现的经过。魏敦瑞在报告中说："现在我们非常荣幸，因为中国猿人在最近又有新的发现：10月下旬曾发现猿人下颌骨一面，并有5个牙齿保存；11月15日一天之内，又发现猿人头盖骨两具及牙齿18枚，26日更发现一个极完整之头盖骨。对于这次伟大之收获，我们不能不归功于贾兰坡君。因为当发现之始，前二头盖骨化石，虽成破碎状态，但贾君已知其重要性，并施用极精的技术，将其挖出，并经贾君略加修理，后才由卞美年君及余携手研究。"

一时间，我仿佛成了英雄，无论是地质调查所的领导、同事们，还是新闻界的人士，都在为我欢呼、呐喊，这使我感到不安和惭愧。我深知自己吃几碗饭、有多少斤两，对于加在我头上的荣誉，我很冷静。我想，这些赞扬都是对我的鼓励，离真正的荣誉，我还差得很远很远。我仍需努力工作和学习，否则对不起培养我的老一代人。

谦逊者总是虚怀若谷、善于自省。在学习和生活中，我们一定要常怀谦逊之心，知不足而奋进，因自律而完美。

辗转云南行

　　纽约自然博物馆已故馆长奥斯朋曾有一种说法，认为人类起源于中亚高原地区，一支往南去了爪哇，一支往北来到北京，一支西行到了德国海德堡。这一见解，在当时很流行，魏敦瑞也颇赞同。南行的一支到爪哇必须经过云南。听中国的地质学家尹赞勋和王日伦两位说，在云南的富民县河上洞中就有化石。我们决定前往调查。

　　得到所领导的批准和魏敦瑞的同意后，我们于1937年1月中旬出发了。这次外出只有卞美年、我和杜林春三人。出发前我还在患重感冒，在家休息。卞看我躺在床上，征求我的意见，想把行期往后推。我说，休息几天就没事了，下个礼拜可以动身。

　　这次外出，是想开辟新的化石地点，尽管我们已经在周口店找到了那么丰富的人类化石。对于我个人来说，在新一年周口店发掘工作开始之前外出旅行一次，也是很难得的机会。当时京滇公路已建成，但还没开通，我们只好先到长沙。我们暂住在长沙分所，打算再雇汽车到云南。汽车没雇到，只好在长沙闲等。逛大街穿小巷，观察当地的风土人情。当然我们也没忘记渡过湘江，登上岳麓山，去凭吊中国地质界的老前辈和奠基人之一、我们的老所长丁文江（1887—1936）先生。丁先生的墓地就在岳麓山上。

几天后，我们再次去公路局询问车子情况，答复是小车子没有，如果我们愿意，给我们一个中等的旅行车。车子听你们调遣，也可顺便拉上几个客人，一路上想停就停，想走即走，费用照收。我们觉得虽有不便，可一时又没有想要的车，为了赶时间也只好如此。

车从长沙出发，客人不多，很松快，连躺着睡觉都可以。西行到了桃源县，车子坏了。一问司机，才知道一时半会儿修不好，有个零件要到常德去买，真是出师不利。正在烦闷无聊的时候，我突然想起了陶渊明①的《桃花源记》。那还是我上学时学过的，文章字数不多，但结构严谨，含义丰富，老师叫我们背过。"晋太元中，武陵人捕鱼为业。缘溪行，忘路之远近。忽逢桃花林，夹岸数百步，中无杂树，芳草鲜美，落英缤纷。渔人甚异之。复前行，欲穷其林……"我把这篇文章背给卞、杜两人听，又把文章讲的故事叙说了一遍。我提议："既已到此，车子又坏了，天赐良机，准是叫我们游一游桃花源。你们看怎么样？"卞、杜也来了精神。我们当即雇了一条小船，沿江漫漫游荡。船夫悠悠向前划行，只见前方有一片树林，船夫告诉我们，那就是桃花源了。划至近前，桃花虽不见盛开，却也含苞欲放，看得我们眼花缭乱。陶渊明当时写《桃花源记》，是渴望有一处和平安详的生活环境。虽然我们什么也没见到，觉得有点儿遗憾，但到此一游却赶走了因车坏而造成的烦恼。回来时已是下午2点了，我们草草吃过饭，就往坏车处赶。

车修好了，继续西行。当时的公路很窄，路面也没有柏油，只铺了一层粗沙。路面被雨水一冲，泥泞不堪。车子左摇右晃，一天跑不

---

① 陶渊明（365—427） 我国东晋末至南朝宋初期的文学家、诗人，世称靖节先生。是我国第一位田园诗人，被称为"古今隐逸诗人之宗"，著有《陶渊明集》。

了多少路。我坐在车上头昏脑涨，腰腿也酸痛难忍。我们不时叫车停下来，下车活动一下身脚。当年的旅行真是不易，与今天比较起来，有天大的差别。天色近黄昏时，到了贵州省黔东南苗族侗族自治州北部的施秉县，我们找了个旅店住下。我们三个人住在北房的一个大间里，因腰酸腿疼太累，晚饭后大家早早就入睡了。半夜，卞美年把我推醒："你听这是什么声音？好像是同车而来、住在厢房的两位妇女在哭。看看去。"卞美年拉起我就走。敲开门一问，才知道她们的路费用光了，前不能行，后不能退，所以急得哭了起来。年老的妇女指着年轻的对我们说："这是我儿媳，要去贵阳找丈夫。"我俩一听，认为这没什么了不起，忙劝道：

赠人玫瑰，手有余香。有时，我们一个善意的举动，就会帮助别人走出困境。与此同时，我们自己也会得到心灵的满足。

"既然大家有缘同车而行，哪有不帮助的道理。"我回房取了15块银圆，交给老太婆，又说，"不管如何，我们一定把你们送到家。钱呢，不必挂在心上，有就还，没有就算了。"她们说了许多感谢的话，我俩回屋继续睡觉去了。

汽车开到了贵阳东关，两位妇女下了车，她们要我们等一等。只见老婆婆跑进了一条小巷，那位年轻的女子站在车前。我们不知怎么回事，正在疑惑，从小巷中走出来一个青年，后面还跟着一群人。他们走到车前，一位年长的男人叫那个青年把钱如数还给了我们，还拉着我们去家里做客。我们解释说，要去云南有急事，不能多耽搁。磨了半天嘴皮子，他们才放我们走。车子开出很远，还看见他们在向我们挥手。

到了安顺，我们看见当地的少数民族妇女上着蓝色短衣，腿上打着裹腿，赤足担水在街上叫卖。我也不知道她们是什么民族，只是拿出相机，给她们照了几张相，就急忙上了车。到了下一站，我才发现相机不见了,左找右找也没有。想来想去,是给少数民族妇女照相时,卸完了胶卷忙着上车,把相机丢在大石头上了。唉,真倒霉,这是我花40块钱买的。卞、杜两人劝了半天,一路上我还是很心烦。好在回到北平后,我把照片投到大公报几张,得到一些稿酬,补回了一点儿损失,因为那时贵州与内地的交通不便,这种照片很难得。

路途中,还经过了一个地方,我忘记叫什么名字。只见有的人家把门板卸下来,竖在门前,上面贴着长有1米、宽有半米的饼子。用手一摸,软软的,很像中医的膏药。一问老乡,才知道是大烟,听了之后吓了一跳。我不由得想起北京有人吸食大烟,倾家荡产、家破人亡的情景。不想这种害人的东西,这里到处都是,能不叫人胆战心惊吗?

到了贵州西部的盘县,我们乘的那辆车就不往前走了,因为以后的路段不归长沙管辖,去云南需要另换车。我们三人找了一家小店准备住下。进去一看,脏乱不堪,床上幔帐成了灰色,一动到处飞尘土。卞美年说,走吧,上县衙门去吧。

我们来到了县政府,县长立刻出来迎接。他早已接到长沙的通知,知道我们要路过他管辖的县去云南,已经做好了准备。县太爷把我们迎进后院。后院有三间北屋,西边一间是他的办公室,东边一间是他的住房,中间那间原来是客房,让我们三个人住。室内干干净净,我们当然很满意。

在这里住了几天,县长对我们极为优待。早餐县太爷陪着,中餐晚餐可以说顿顿是酒席。我叫杜林春去问车,可回答总说没车。上街逛逛吧,又有警察保镖跟随。不对吧,我们越来越觉得不对劲。卞和我叫杜林春偷偷地给翁文灏所长打了个电报,说明了我们在盘县的情况。

第二天上午这位县太爷就收到了翁的电报:"卞、贾赴云南工作,请斥警护送出境,翁文灏。"至此县长才向我们吐露了实情。原来,长

135

沙卫戍司令部的军需，携带着一个营的军饷潜逃，就是乘坐的我们的那辆特别待遇的车。盘县归长沙卫戍司令部管辖，所以县太爷接到通缉令，把全部乘客扣留。他也知道我们的底细，又不敢违抗卫戍司令部的命令，只好用好吃好喝的办法，把我们三人给软禁起来。两天后，长沙司令部派来汽车押解犯人，又顺便把我们送到了平彝[1]。

我们是在平彝过的春节。平彝是个穷县，过年连个鞭炮声也听不见。时逢过年，饭铺又关了门，我们只好与县长在一起吃了年夜饭，初二一早就乘长途汽车上路了。车子经曲靖到云南首府昆明。在昆明，因我们揣着经济部长的介绍信、卞美年朋友的介绍信，所以受到很好的照顾。卞美年的四哥卞万年是协和医院的大夫，他事先给在昆明医院当院长的同学写了信。出发前，我的感冒并没彻底好，落下的一站一坐腿便疼的毛病还是他给治好的。

昆明到富民不通汽车，我们只得雇了几匹马，驮着我们和行李前进。马很小，天又下着小雨，路很难走，我们常常要下马牵着它走。从上午出发一直走到傍晚，才到达预订的客栈。

休息一夜，第二天我们就前往河上洞。河上洞在县城西约4千米的螳螂川旁的山坡上，距地面有六七十米。坡很陡，我们边爬边开路。到了洞里一看，那叫一个脏！洞口处横卧着一具干尸，干尸手里还拿着装鸦片烟的空筒子。我们叫雇来的民工把死尸埋了，又清理了一下现场，按比例测量完洞的平面图后，就正式开始发掘了。

洞里各处我们都发掘了，只有右壁的角落里化石较多。每天我们也不过掘出点兽牙，兽牙的牙根也不全，像被豪猪啃过的。兽牙中有大熊猫、鬣狗、犀、貘、鹿和象的牙齿，这些动物都属于"大熊猫剑齿象"动物群。其他没有什么重要发现。

---

[1] 平彝（yí） 今云南省曲靖市富源县。

正月十五这一天，天气很热，我们个个汗流浃背，卞美年更觉得喘不过气来。猛然间，他跳入河中，想洗澡凉快一下。我们还没反应过来，他就大叫："别下来！水太凉。"当他爬上岸后，浑身打起哆嗦。我和杜林春赶紧把他背到平地上，雇了匹耕地的马，将他驮回店房。杜上街买药，什么也没买到，丧气而归。此时卞浑身滚烫，我们也没了主意。正在这时，县长来了，他看了看卞美年，说吸口大烟就没事了。我们本来痛恨毒品，但到了这时，也不得不试试。大烟装好了，卞美年不会吸。这时有个当地人吸了足足一口，朝着卞的嘴里、鼻里猛地一喷，接着又如此喷了几次。第二天卞还真好了许多。我问："大烟什么味？上瘾了吗？"他说："要是上了瘾，我回去怎么交代呀，你们也交代不了。"

以后，卞在客栈休息，我和杜带着雇来的民工去挖掘。几天下来，仍觉得没戏，我们便带着这些化石，打道返回了昆明。

在昆明，我们马上给魏敦瑞拍了电报，汇报情况。魏敦瑞也很快回了电报："卞可留云南找新化石点，贾乘飞机速返。"接到电报后，我马上去机场探询。当时昆明只有中德合作的航空公司。该公司有飞机从昆明飞往西安，已经试飞过，还有航空保险。不过一问票价，400块，我直吐舌头。要知道400块银圆，当时可以买下一所小四合院呢。我只好再给魏打电报，魏回电说："不管票价多少，速归主持周口店工作。"

飞机是中德20号，外表很好看。飞机上没有几位旅客，一是票价太贵，二是刚试飞还无人敢坐。当时飞机的座舱不密封，飞到高空时，缺少氧气，乘客非常难受。空中小姐不时拿着一根皮管，往客人的鼻里、嘴里吹氧气。这样到了西安，我又改乘火车返回了北平。

轻松一课

一、人物事件图

同学们，完成这一部分的阅读后，相信你们已经对"我"从童年时代到回到周口店之间发生的事件有了大致的了解。现在，请你们按照时间顺序，将下面的事件进行排列。

1. 通过升级考试，成为练习员
2. 步达生去世
3. 主持周口店的挖掘工作
4. 进入中国地质调查所
5. 在邢家坞度过了童年时光
6. 发现了三个头盖骨

二、纪录片观后感

同学们，有关人类起源的纪录片不计其数，同学们可以利用空闲时间，上网观看相关纪录片，写下你们的观后感，记得与小伙伴们进行交流、分享哦。

阅读小贴士

　　结束了云南的考察之旅，"我"回到了北平，继续开展周口店的发掘工作。由于前一年在工作上颇有建树，"我"不仅得到了丰厚的奖金，还被破例提升为技士。然而，"我"却高兴不起来。这是为什么呢？

　　与此同时，研究室的同事们陆续开始南迁，而这又会对新生代研究室的工作产生什么影响呢？

升 为 技 士

    我是在1937年3月20日返回北平的，月底就到了周口店。发掘地仍是周口店第1号地点。4月下旬，我们在去年11月发现第二个头盖骨的地方附近半米深处，又发现了一个眉骨。从碴口上看，该眉骨像是第二个头骨上的。第二天，我派人回北平，将眉骨交给了魏敦瑞。

    没几天接到他的来信，信中说："感谢你送给我这项材料。……上眉骨确实属于第二个头骨，我已把它复了位。对这里的看法和我一样，或者可能发现更多的东西。"

    周口店又有了新的人类化石发现，美国洛克菲勒基金会又资助了新生代研究室数万美元。从此，大家抱着更大的希望。

    希望归希望，这一年的发掘除了那件眉骨外，并无更多的人类化石发现，所以发掘工作到6月草草结束。发掘中倒随处可见大型石器、小型石器以及破碎的骨器。很显然，这一地层当时是人类居住过的。除此之外我们还发现了一些哺乳动物化石。

    除了在第1号地点发掘外，我还派了发掘能手柴凤歧领一些人前往灰峪进行小规模的发掘。灰峪这个地点，是我们为了寻找新的化石地点背着地质调查所调查时发现的。它离周口店很远，但我们仍把它编为"周口店第18号地点"。因为周口店的发掘款是专款专用，在支出的单据上不打上"C.K.T①"三个字母，美方是绝对不会支付任何钱的。

这个年度的发掘虽然没有前一年那么紧迫，但杂七杂八的应酬很多。由于前一年发现了三个头盖骨，很多人来到周口店参观，其中还有美国某电影公司委托上海电影制片厂来拍电影的。这些人我都要出面接待，我还要当"演员"。

裴文中先生也来信想要周口店发掘的照片，这说明他身在法国，仍非常关心周口店的工作。提到照片，我又不得不做个补充，我在去云南途中丢了一架照相机，回来后又花了80块银圆买了一架柔来弗来相机。现在我还保留着用这架相机拍的老照片。照出来的照片非常清楚，效果颇佳。可惜的是，相片保存了下来而相机早已损坏，被我扔掉了。

这一年对我来说很幸运。由于前一年我工作上颇有成绩，地质调查所破例提升我为技士（相当于副研究员或副教授）。提升技士职位，需上报铨叙②部批准。批文下来之前所里暂以"调查员"的名义任用我。

此外，地质调查所还发给我奖金200元。这个消息是我在云南时接到新生代研究室秘书乔石生的信知道的。他在2月22日的信中说："……昨19日接南京总所寄予郁生兄函，并由浙江兴业银行汇来奖金200元。……特此奉告。南京所来函原文抄录如下：'兹因台端工作勤劳并在周口店采集化石，管理研究颇有成绩。特发给奖金200元，即祈查收。此致贾兰坡君。地质调查所启。1937年2月16日。'"

又提升，又得奖金，可谓双喜临门，但此时的我还真乐不起来。因为我们从报纸上看到并时常听到，由于国民党的不抵抗政策，军队节节败退，日本侵略军已经入侵到北平的家门口了。日寇不断寻衅闹

---

① C.K.T.　周口店的英文简称。

② 铨（quán）叙　旧时政府审查官员的资历，确定级别、职位。

事，并打算大举向华北进犯。在这国家和民族危亡的时刻，有谁还乐得起来呢？

6月底，挖掘工作结束，我们照常把化石进行清理、编号、包装，装入大筐中，送到周口店火车站，准备运往北平。7月初的一天，周口店火车站来电话说，去北平的火车不通，情况不明。第二天又来电话说，日本军在卢沟桥向国民党军队挑衅，故意制造事端，恐怕要打仗。我听到这一消息，当晚召集技工和工人开会，商量对策。大家都对日本鬼子恨得咬牙切齿。最后决定，愿回北平的，大家一起走；不愿走的，仍旧慢慢发掘第4地点。不过我要求他们把挖掘过"北京人"的地点用土石回填并夯实①，不给日本人留下蛛丝马迹。

---

① 夯（hāng）实　用夯砸实。

周口店日寇大开杀戒

我们回北平的一行人都轻装上路，沿着西山北行，整整走了两天，第二天傍晚才抵达西直门。此时西直门只开了个门缝，两边站着两排国民党兵。在城门口他们盘问了我们半天，才放我们进去。我回到自己家已经很晚，家里人因没有我的消息也正在提心吊胆。

两天后的夜里，我们听到了枪声。早晨出家门一看，满街都是帽子上带着屁帘子的日本兵，有的排着队，大皮鞋使劲跺着地走，像是对老百姓示威。日本鬼子占领了北平后，开始大家不敢也不想出门。又过了两天，杨钟健派人到家找我，要我到娄公楼去上班。我刚一上街，就碰上了日本兵，心里骂道："真他妈的倒霉，碰上了小日本。"

到了娄公楼，见到了杨钟健和卞美年，向他们谈了周口店的安排，他俩认为我处理得很好，就放下心来。

说是上班，其实大家也无心干活儿。每天大家都谈论战事，一有飞机飞过就跑出去看，看到的多是带着膏药旗的日本飞机，只得啐（cuì）口唾沫，唉声叹气地回到办公室。尽管这样，大家一致认为，日本人是"兔子尾巴长不了"，很快就会完蛋的。

10月份起，地质调查所北平分所的人员也陆续南迁。杨钟健行前嘱咐我，要我守住这个摊子，因为新生代研究室的工作没有结束。万一待不住了，也南下去与他们会合。

从周口店工头赵万华的来信中，我得知周口店的大部分工人也逃离了，只剩下他和董仲元、肖元昌三人。后来张海泉、张文斌回到了周口店，他们几个人留在那里共同看守。时常有大队的日本兵在那里骚扰。还有几个身着西服的人，拿着《中国地质学会志》第13卷第3期及《中国原人史要》等书，在第1地点拍照和测量。我想，日本人也要对中国猿人遗址下手了。

南下的人，时有信来。信中流露出对过去在一起工作时光的怀念。杨钟健的来信也是嘱咐工作。正在大家没着落的时候，11月下旬，裴文中在法国获得了博士学位后回到了北平。大家相见十分高兴。当时，日本人虽然占领了北平，但并没占领协和医学院，所以我们仍可在娄公楼上班。裴文中一来，按他的年龄、资历和学历，自然而然成了我们新生代研究室的头头。

1938年，日本入侵越来越向内地深入。我们留在北平的人，为了与南下的人通信方便，都改用了假名。比如我的名字改为"贾若"。来信中朋友称我为若兄、若弟。给迁到重庆的地质调查所的同事去信，收信人地址中不能出现"重庆"二字，但只要写上四川巴县北碚（bèi），他们还可以照常收到，只是越来越困难了。

南下的人虽然离开了北平，但并没有停止工作。来信中他们对留在北平的家属表示担心。我和乔石生也常常去这些人的家中探望，嘘寒问暖，力所能及地帮助他们解决生活上的困难。我们这样做，对于家在敌人铁蹄下而身又远离亲属、在凄风苦雨①中工作着的朋友，也算是个安慰吧。

5月中旬，周口店传来了令人痛心的消息，周口店的看山人赵万

① 凄风苦雨　比喻悲惨凄凉的境遇。

华、董仲元和肖元昌被日本鬼子杀害了。与他们一起被杀害的有30多人。我怀着沉重的心情，把这一噩耗报告给了德日进，以及迁到长沙的地质调查所的领导们。德日进听到这一消息时，正在打字。听后，他站了起来，低下了头，默哀了一分钟，然后走出办公室。

地质调查所的领导也来信嘱托我，要我妥善办理被害人抚恤之事。他们以我的名义给协和医学院总务长、美国人博文（Trervor Bowen）写了一封信，说明了三位工人被杀害的情况，为他们申请抚恤金。6月9日，博文下发了公函，特发给死难者家属每人一年的工资，以兹抚恤。当我把情况告之长沙的地质调查所的领导和同事时，他们对日本鬼子的残酷行为表示非常愤恨，同时对这三位工人的家属能得到抚恤而感到一丝安慰。

进修解剖学

转眼到了1939年的春天，新生代研究室没有什么重要事可干。魏敦瑞打算叫我今后跟他一起搞人类学，所以派我到协和医学院主管入学的福开森女士那里，报名登记入学，学习人体解剖学、神经学等课程。

我记得我们这批学员共有16人，由潘铭紫先生执教，4个人一具尸体。尸体都是经过处理后用纱布缠绕起来的，解剖哪里，就打开哪里。我们所用的课本是《格氏解剖学》。解剖先从大腿内侧开始，因为这个部位动脉、静脉和神经束最粗大。课程很紧，每天都要完成一个段落，一天不去，就接不上茬，所以不敢旷课。

经过整整一年的进修，我系统地学习了人体解剖课程，对于人体的骨骼、肌肉、神经各部分了解很多。对于我来说，这是一次非常难得的学习机会。从入学第一天起，我总是早来晚走。早晨一到医学院，换上白大褂就一头扎进了解剖室。考试的时候，对于骨骼部分，我都是免考的，因为在周口店的发掘实践和自学中，我已基本上掌握了各个部位的名称和特征。在上骨骼部分的课时，有时潘铭紫教授还叫我给大家讲解和指导。

尽管这样，我还是一丝不苟，甚至我比其他学员观察得更仔细。

在我的白大褂的兜内经常装着人手腕的骨骼，没事我就摸摸，分辨是哪块骨骼，猜对了就放到另一侧的兜里，错了重新摸。熟能生巧，最后我还能分出哪块是左手的，哪块是右手的。这也是我自创的识别方法。课程完毕后，我又回到了新生代研究室，经过这一年的系统学习，我觉得有一种如虎添翼之感。

学习人体解剖，一年到头与尸体打交道，在一些人的眼里，总是有些犯忌的。处理尸体时，要用福尔马林（甲醛水溶液）、甘油和盐酸浸泡以防腐，所以我的身上总是有福尔马林的气味。同事们都不愿意和我在一起吃饭，说我身上有一股死人味，我家里人也这么看。我差不多每天更换内衣，上课时要穿洋服（西装），外边套上白大褂。回到研究室后很长一段时间，人家才觉得我没死人味了。

由于丰盛胡同的中国地质调查所北平分所被伪政权接收，我们新生代研究室的人退了出来，回到协和医学院娄公楼办公。日本人还没占领协和医学院和协和医院。我们离开丰盛胡同3号时，把存放在后楼的"北京人"遗址发掘出来的碎骨片和鹿的残犄角等装了10多箱，一起运到了娄公楼。裴先生看我招呼工人们装运碎骨片，有点儿不满，而我认为这批材料很重要，因为里边有很多是人工打制的骨器。

裴先生不经常到娄公楼来，他吩咐我把石器分好类，编上号，并把出土的地点和发现的年月日等一一编目，制成卡片。我按裴先生的分派编写石器目录和卡片，但一得空闲，就去摸从丰盛胡同运回来的骨器。虽然裴先生对我研究骨器有些不满，但我并没有耽误他交给我的工作，他也就不便说什么了。

在这段工作中，我对每一件石器又从头到尾地摸索、观察了一遍，这让我受益匪浅，为今后辨认石器和骨器打下了良好的基础。这一期间，我还仔细地阅读了裴文中的老师、法国考古学家步日耶的《周口店猿人产地之骨器物》一文。这篇文章是步日耶研究了"北京人"产地的骨器后发表的。文章中所述的都是一些早期发现的材料，而这些骨器中人工打制的痕迹更加清楚，我认为对研究"北京人"来说很重要。

看得出来，裴先生对我摆弄骨器不大满意，他不说什么，但经常发脾气。有时他发起脾气来，使人莫名其妙。有一次，室秘书乔石生为了打扫修理化石落在地上的石土，买了几把笤帚。对此，裴文中发了火。气得乔石生收拾好自己的东西要走，我把他劝住了。后来裴先生又找乔商量修理化石的事，两人间的疙瘩才慢慢地解开了。我们觉得，裴文中之所以发脾气，大概是因为南下的同事仍能大干工作，而他在敌人占领下的北平没什么事可干，感到事业渺茫、心烦意乱。其实有谁心里踏实呢？

南 下 受 阻

　　正当裴文中先生感到今后漂泊未定，总觉得不顺心的时候，杨钟健已经由昆明到了重庆北碚地质调查所任职。此时地质调查所昆明办事处撤销，所有人员均转到重庆北碚。从曾在周口店一起工作过的王存义和李悦言的来信中我了解到，他们在后方工作虽然照常进行，但生活也很艰苦。不过我倒觉得，生活虽苦，总比被日本鬼子踩在脚下过日子，从精神上说要愉快得多，何况还可以继续进行野外工作。

　　我决心去南方找他们。看到裴文中心情好了一点儿，我就和他商量南下的事。此时，裴文中和他的朋友凑了些股份，在东城南河沿开了一家"文德商行"，卖些文具、纸张和图书一类的东西。我也凑了一些股份。商行成立后，由裴先生的朋友谭德闲先生任经理。裴和我的心根本不在商行上，而这位当经理的朋友由于不善经营辞了职。有人提出叫我出任，我决心不接手，因为我的心意是南下回中国地质调查所。我们帮助裴先生成立起来的文德商行惨淡经营，没多久就关了门。

　　1941年4月，魏敦瑞离开北平去美国。行前我们在娄公楼106室为他举行了告别会，新生代研究室的人和解剖科的人大都参加了。会上魏敦瑞用低沉的语调讲了很短的话，大意是说他感谢大家对他在华工作期间的帮助，他工作很愉快，相信不久的将来他还会重返这块美丽的国土，同大家再度一起工作。会后大家一起合影留念。

日本的侵略战争不断扩大，美日关系也越来越紧张。美国政府要求在华侨民撤退，所以暂时还属于美国势力管辖的协和医学院也朝不保夕。新生代研究室的人把给魏敦瑞开的告别会称之为"散伙会"。大家人心惶惶，这更坚定了我南下的决心。

没多久，裴文中收到了一封重庆中国地质调查所副所长尹赞勋的信。信是用法文写的，信中希望调我到重庆去。我看了这封信，正合心意，当然非常高兴。我马上和裴商量，希望他批准我南下。他一听就火了，没好气地说："那好，你要走就走吧。"不管他愿不愿意，也不管他是否在气头上，他说的这句话，我就当作是批准。我开始做南下的准备。

南下的准备工作真叫人伤神，除了要安顿好家里老小之外，还要筹集路费。更麻烦的是很难弄到外出北京的证件，这花费了很长的时间。另外，为了防止敌人盘查，还要编造出很多的来往信函，以证明自己南下有正当的理由。总之要做到滴水不漏才好。南行路线也要确定好：先乘平浦火车到浦口，渡江到南京，再乘火车到上海，从上海乘船到中国香港，由中国香港到越南，从越南到云南，最后抵达重庆。路费是从一位过去专为地质调查所印书的书商手里借的，他在南京，这样我们就有了到上海去的借口。借的钱等到了重庆后再存放在地质调查所，因为这位书商也想把钱转移到重庆后方。我的朋友杨心德在上海海格路281弄30号开了一家"上海信德机制软管印刷厂"，就是专门做牙膏皮的工厂。事先他给我来了一封信，假称聘我到他的厂里担任副经理。

为了这一切手续和"猫儿腻①"，我花了很多心思和时间。可巧，

---

① 猫儿腻　花招。

协和医学院毕业后留下来工作的刘占鳌准备去美国留学，杨钟健夫人认识的一位妇女也要抱着孩子去云南找她的丈夫，我们可结伴而行，互相有个照应。当然他们也各自找了南下的借口。

1941年12月7日，我们从前门火车站顺利地登上了南行的列车出发了。我们坐的是二等车厢，在这个车厢里只有我们四个人，晚上还可以躺下来睡觉。我们平平安安地在火车上度过了一天一夜，第二天上午就抵达了浦口。下了车，看见到处都是日本兵，他们对进出的旅客盘查得很严，我们感到情况不妙。幸亏事先我们准备得充分，所以虽然鬼子盘查很仔细，又搜了我们的身，但没发现什么破绽，还是放行了。

出了车站，渡江到了南京，这里也到处都是鬼子兵。我们在白下旅馆住下后，我急忙去找那位书商。见面寒暄之后，他请我吃饭。饭间他小声对我说："日本人已经在昨天夜里偷袭了美国在太平洋的海军基地珍珠港。美日之间已经正式宣战。看来，你的计划是行不通了。"我听了这一消息，钱也没借，赶紧跑回旅馆。同伴们也知道了这件事，我们商量半天，还是决定先返回北平。

到了家，才知道家里人也在为我提心吊胆。我母亲不住地抹泪，见我突然回到了家，又有点儿喜出望外。

"北京人"失踪

　　过了一段时间，我去协和医学院娄公楼上班。这时日本人已经占领了协和医院。医院大门口有了站得笔直、持着长枪的日本兵站岗。日本人刚占领时还宣布：北平协和医学院所有工作人员，不准擅离职守。以前发的出入证还有效，我掏出来一晃，大大方方地进了门。

　　回到协和医学院娄公楼108室，听到的第一个消息是："北京人"化石丢了！这使我惊得目瞪口呆。怎么会呢？不是早都做了安排吗？

　　在周口店发现的所有人类化石，包括"北京人"和山顶洞人以及一些灵长类化石，其中还有一个非常完整的猕猴头骨，都保存在东单三条路北、北平协和医学院进大门西边楼（也称B楼）里的解剖科。最初步达生和接替他工作的魏敦瑞都在这里办公。化石就存放在办公室的保险柜里。

　　1941年，日美关系越来越紧张，许多美国人及侨民纷纷离开中国回国。魏敦瑞也决定离开中国去美国自然历史博物馆，继续研究"北京人"化石。他动身前就找到他的得力助手胡承志，要胡把所有的"北京人"化石的模型做好，他准备带到美国去研究。胡承志有些犯难，因为要做好全部模型也不是件容易的事。"这需要时间。"胡说。魏说："时间紧迫，愈早动手愈好。先做新的，后做旧的。时间来不及，只好做到哪里算哪里。"之后，胡承志加班加点赶制"北京人"标本模型。

胡承志是我的好朋友。他1931年春到北平协和医学院解剖科工作。他深知要想在这里站住脚，除了自己努力工作外，还必须学好英语。他就是这样去做的。步达生看这个青年人很有出息，就在医学院里找了个外国人，教他制作模型。据说这个外国人每教一次要收取10美元的学费，这些学费当然由公家支付。可是没几个月，这个外国人不教了。步达生问为什么，他说："胡太聪明，他现在做的模型已经比我做的还要好了，我还教他什么呢？"

我曾到B楼看过胡制作模型。他制作每件模型都一丝不苟，精益求精，在每件模型上都刻上发现人的名字。他制作的模型与原件相比，一般的人很难辨出真假。说他是一名制作模型的高手一点儿也不为过。中华人民共和国成立后他调到中国地质矿产部地质博物馆任保管部主任。现虽已退休，但是我们之间仍没断过来往。有时我们在一起，还经常谈起"北京人"化石丢失的往事。

"北京人"化石丢失，世界各地的新闻媒介传说纷纭，不但出了书，还拍过电影、电视剧。但所有这些书的内容，多与事实不符。

事实是，胡承志按照魏敦瑞的嘱咐，马不停蹄地加紧赶制模型。魏还对胡说，像"北京人"化石这样珍贵的标本留在日本人占领区很不安全。又说，要同翁文灏先生商量一下，最好把"北京人"化石运出沦陷区。最初他打算委托美国大使詹森（Janson），把化石先运到美国暂为保管，等战争结束后再运回中国。詹森不同意，因为在发掘周口店时，中美双方订有协议：不得把发现的人类化石带出中国。后来还是翁文灏以官方的名义委托詹森把化石运往美国，他才同意了。

魏敦瑞在娄公楼106号举行了告别会，不久就举家去了美国。没多久，裴文中告诉胡承志，"北京人"化石要全部装箱运走，叫胡做准备。胡承志接到通知，找了解剖科技术员吉延卿一起开始装箱。

箱子是两个白茬木箱，一个大一点儿，一个小一点儿。他们先用白绵纸把化石包好，再用卫生棉和纱布裹上，包上白纸后放在小木盒内，盒内还垫上了瓦楞纸，最后分装在两个箱子里。在两个箱子上，他们还分别写上A、B字样，然后将箱子送到了协和医学院总务长、美国人博文的办公室。而当天博文就派人把箱子转送到了楼下的4号保管室内。大约在12月8日之前的三周内，箱子被运走。

　　据说，化石被美国海军陆战队运往秦皇岛，准备搭乘美国来秦皇岛接送海军陆战队的哈里森总统号轮船，一同前往美国。但是哈里森总统号轮船在从马尼拉开往秦皇岛的途中，正赶上太平洋战争爆发，这条船被日本人击沉于长江口外，所以这批化石根本没上船。负责携带这批化石的美国军医弗利（Willim T. Foley）在秦皇岛被日本军俘虏，从此这批世界文化瑰宝就失踪了，至今仍是个谜。

　　日军占领了协和医学院后不久，日本就派了东京帝国大学人

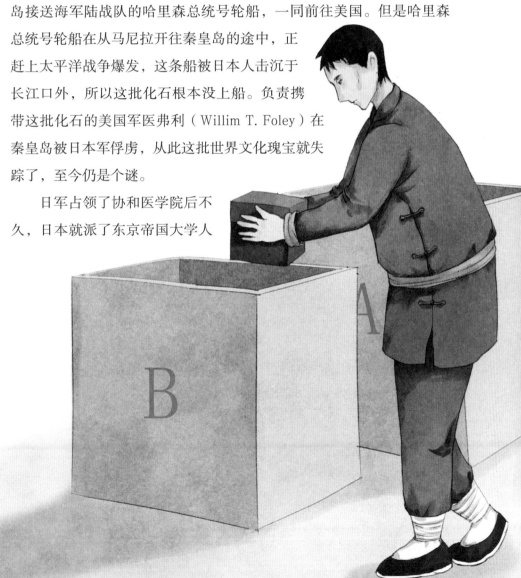

类学家长谷部言人和高井冬二来协和医学院寻找"北京人"化石。当他们打开了B楼的保险柜，看到里面装的全是模型时，才知道"北京人"化石被转移了。日本宪兵队到处寻找"北京人"化石，为此很多人都受到了牵连。

受到牵连的人中有协和医学院解剖科的马文昭教授。他被带进了日本宪兵队。他可算是"二进宫"了，一次是为"北京人"化石，一次是为孙中山先生的内脏。孙中山先生的内脏后来在病理科找到了。其实这两件事都与他无关。再就是协和医学院总务长博文，就连推车运送化石到F楼4号保险库的工人常文学，也都被抓进日本宪兵队进行了审讯。宪兵队还去了裴文中的家，对他进行了讯问，并暂时没收了他的"居住证"。在那个时候，没有居住证要想离开北京是根本行不通的，连上街都会感到困难。

两个白茬木箱里装的是哪些东西呢？有幸的是我手中保存了一份用英文打成的装箱单的副本。装箱清单上一份注有"A"、一份注有"B"的记号，上面还有几个中文字——"装箱目录"。从中文字的笔迹上看，是新生代研究室秘书乔石生写的。我曾把这份装箱单译成了中文，以《中国猿人化石的失踪及新生代研究室在抗日期间的损失》为题，写了一篇文章，发表在《文物参考资料》第2卷第3期上，现再抄录如下：

第一，木箱

中国猿人（即"北京人"）的牙齿（分装74小盒）

中国猿人的牙齿（分装5大盒）

中国猿人残破股骨9件

中国猿人残破上臂骨2件

中国猿人上颌骨1件（山顶洞底部发现）

中国猿人上颌骨2件

中国猿人锁骨1件

中国猿人月骨1件

中国猿人鼻骨1件

中国猿人腭骨1件

中国猿人寰（huán）骨1件

中国猿人头骨碎片15件

中国猿人头骨碎片1盒（属于"L"地点之头骨Ⅰ和Ⅱ）

趾骨2小盒（似非中国猿人者）

中国猿人残破下颌骨13件（B-G-及M-等地方）

褐猿（即猩猩）牙齿3盒

第二，小盒

中国猿人"L"地点之第二头骨（女性）

第三，小盒

中国猿人"L"地点之第三头骨（男性）

第四，小盒

中国猿人"L"地点之第一头骨（男性）

第五，小盒

中国猿人"E"地点之头骨

第六，小盒

中国猿人"O"地点头骨

第七，小盒

山顶洞人男性老人头骨，编号为PA101

第八，小盒

山顶洞人女性头骨，编号为PA102

第九，小盒

山顶洞人女性头骨，编号为PA103

以上第一、二、三、四、五、八、九等装入一只大木箱里，箱皮之上除了写"A"字之外，并无任何其他字样。第六、七两小盒则装在另一带"B"字的箱子里。"B"箱里除第六、七小盒之外，还装有下列各物：

狝猴头骨化石2件

狝猴下颌骨化石5件

狝猴残破上颌骨3件

山顶洞人下颌骨3件，编号PA104、PA108、PA109

山顶洞人脊椎骨一大盒

山顶洞人盆骨7件

山顶洞人肩胛骨3件

山顶洞人髌骨（膝盖骨）3件

山顶洞人趾骨6件

山顶洞人骶骨2件

山顶洞人牙齿1玻璃管

山顶洞人残片3件

除了丢失这两箱世界人类遗产之外，我亲自带领技工们装的67箱动物化石、30多箱书籍以及10多箱清华大学袁复礼先生存放在新生代研究室的爬行类化石和私人文稿，也都遭到日本侵略者的捣毁或付之一炬[①]。

这67箱动物化石包括："北京人"遗址的肿骨鹿、斑鹿、犀牛、鬣狗及其他动物化石；第9地点和第13地点的鹿类、水牛、犀牛及介壳化石；第14地点的鱼化石；湖北宜昌新恐角兽头骨的左半部，"北京人"

[①] 付之一炬（jù） 给它一把火，指全部烧毁。也说付诸一炬。

遗址的裴氏转角羚羊颈骨；周口店第3地点的介壳；安阳绿龟；山东山旺古犀的前后肢骨及植物化石；山顶洞赤鹿角；山西武乡的中国肯氏兽；河南渑池水牛以及山顶洞的熊、虎、獾、兔、狼、狐等化石。这些化石都是我国科学工作者多年辛勤工作的成果，由于没能及时运往安全地点，遭到日本侵略者的破坏。

1950年年底，中国科学院收到西安韩德山先生寄来的4件化石，经杨钟健先生鉴定，一件是水牛的距骨，三件是鹿的距骨，均出自"北京人"地点。杨钟健跟我谈了这件事，我们都感到奇怪。"北京人"地点的东西怎么跑到西安去了呢？杨马上写信向韩德山询问。

1951年1月22日接到了韩德山的回信。信中说："我1931年1月考入协和医学院食物化学系服务，两年后调到寄生虫系服务，直到1942年1月31日协和医学院被日军关闭。以后转到了北平卫生研究所工作。

"我曾听说过新生代研究室保存的化石甚多，1942年4月有一队日本宪兵住进了协和医学院娄公楼，因急于用房，日军下令把书籍和枯骨化石装入载重汽车，拉到东城根下（东总布胡同东口，小丁香胡同东口往北十数步）焚毁。当时我自卫生研究所下班回家（我家住大牌坊胡同东口，离东城根很近），听说日本宪兵烧协和的书，即前往观看，确见有些书籍正在燃烧，但大部分书籍均被附近的贫民抢去。我曾亲眼看见贫民将书按斤卖给打鼓的①。大批骨骼已被砸得粉碎，散布满地。因为有宪兵在场，我不敢多取，只偷偷地捡了四块……"

> 侵华战争中，日本对世界文化遗产的损毁，至今读来令人齿寒。我们当明辨善恶是非，也要懂得，善良是做人的基石，但善良并非任人欺凌，面对压迫时必须奋起抗争。

①打鼓的　旧时北京收破烂的。

韩德山先生的来信，不正好说明了日本侵略者犯下的滔天罪行吗？！

值得庆幸的是，杨钟健的一个小箱子没有丢失。南下前，杨钟健亲自将小箱子交给我，说："这里有一件毛泽东先生由长沙写给我的信，很重要。千万别叫别人看见，更不能落到日军手里。"我考虑再三，到处观察，不知藏到哪里好，最后决定把它放在库房楼顶的天花板内。那天晚上，等大家下班之后，我找来了老实可靠的老技工陈德清，我俩把箱子抬进了库房。我找来梯子，爬上去，打开天花板的一块维修孔，钻了进去。陈在下面把箱子用绳拴好，让我拽上去。里面很黑，我定睛待了一会儿，才能影影绰绰看清一些东西。我连拖带拽，走进了40多米，才把箱子放在一架人字柁①的后面。我觉得这里很保险，放好后顺着原路退了出来，又照原样把天花板对好。下来后，我对陈说："这些都是杨先生多年的心血写成的手稿，绝不能丢失。"陈也明了似的点了点头，没说话。

10年后，杨先生突然问及那只箱子的事，我带他到了协和医学院。经过新的总务长陈剑星的批准和他派的两个人帮忙，我们才把箱子从天花板内取出来。杨先生看到箱子后，心情很激动，里面装的毛主席当年写给他的信也完好无损。他把这封信裱成条幅挂在家中的客厅里。后来条幅被送到了中央档案馆，中央档案馆又复制了一件交给杨钟健，作为永久的纪念。

---

① 柁（tuó） 木结构屋架中顺着前后方向架在柱子上的横木。

"偷"出"北京人"遗址图

日本人占领协和医学院后，对外出的人员查得特别严，绝对不许往外携带任何东西。我想，"北京人"遗址和15地点发掘时绘制的平面图和剖面图，也可能被敌人毁坏。平面图和剖面图上记有每件标本的出土位置，一旦图纸毁坏和遗失，发掘的标本就无从查对了。所以每天我用很薄的半透明的绵纸，将1∶50的原图描摹下来，然后攥起来揣在兜里，像手纸一样，偷偷带回家。之后，再按比例缩成1∶100的图。那些日子我天天这样做。有时我还偷偷地把周口店发掘的照片底片夹在书里带出来，因为我发现日本兵对书的检查不很严格。就这样我"偷"出了不少资料。事后，裴文中对我的做法很赞同，认为我为将来的研究做了一件大好事。

日本投降后，中华民国驻日本代表团日本赔偿及归还物质委员会，曾到日本各地搜寻"北京人"化石，没能找到。找到的只有：

1. 周口店第1地点剖面图1卷
2. 周口店发掘简报及账目清单2束
3. 报告文稿1束
4. 周口店发掘之鹿角1件

5. 周口店发掘记录7卷

6. 山顶洞发现之狐和獾之犬齿（44件）1盒

7. 山顶洞发现之狐犬齿（37件）及石珠（3件）1盒

8. 山顶洞发现石制装饰品、骨针、带有红色之石灰岩块及大鹿之犬齿1盒

9. 山顶洞发现之狐犬齿1盒

10. 山顶洞发现之穿孔海蚌壳、骨坠、鱼骨、鱼脊椎及石珠1盒

11. 山顶洞发现之石器（4件）1盒

12. 中国猿人之石器（4件）1盒

13. 中国猿人产地燃烧之犄角1盒

14. 周口店第15地点之石器（5件）2盒

15. 周口店第15地点之石器（1件）1盒

16. 文件（英文）3卷

以上这些就是日本归还给我国的掠夺的全部材料。

在日本侵华期间，考古这门刚刚兴起的学科，遭到了极大的打击，其损失是无法弥补的。

新生代研究室名誉主任魏敦瑞去了美国。珍珠港事件后美日宣战，日本人占领了协和医学院。辉煌了十年之久的新生代研究室在无法继续工作的情况下，于1942年初解散了。

结识夏景修

南下不成，新生代研究室解散，我失了业。虽说父亲有点儿养老金放在一些知根知底的朋友的商号里吃利息，但这时期的物价飞涨，一天一个样，所得的利息也顶不了什么用。总得想个办法生活呀！

一天我在大街上闲逛，在东单附近见到了曾在协和医学院邮务处工作的金孝儒先生。我俩很熟，我用假名和重庆的同事通信的来往信件，都是经过检查之后由他派人送到每个人的手里。我问他今后的打算，他说想开个药房维持生计。他的想法提醒了我，我说不如我们合伙开吧，我们找些股东，再各自找些协和医学院的人，开个药房，这比干其他的容易。

我们一拍即合，说干就干。我找了乔石生，金又找了协和医院药房主任张稔年，另外找了几名技术人员和营业员。本钱是大家凑的。我父亲为了找股本也出了很大的力。药房地址选在我家的前院。这样大家忙碌了一阵子，于1942年下半年"卉园"商行开张了。我出任经理，金孝儒任副经理，张稔年为药剂师，乔石生为会计。申报的经营项目是西药兼营化妆品，所有配方都由张稔年提供，其实这都是协和医院的药方，我们只是按现成的药方制成药品和化妆品。没多久，第一批化妆品——兰娜林霜就问世了。

卉园商行按部就班地运作起来之后，我就很少去问，顶多点个卯①。我的心思仍在我的老本行上。我利用这段时间读了魏敦瑞发表在《中国古生物志》上的文章《中国猿人之下颌》《中国猿人与其他人种及高等猿类脑型之比较研究》等。我还经常跑书店，像琉璃厂西街路南的龙门联合书局，就是我常光顾的地方。我去书店实际上不是买书而是去看书，时间长了，彼此就熟了。有时店员竟叫我把书拿回家看，只要不把书弄皱弄脏；有时还给我搬个椅子，叫我坐着看。一来二去，竟闹出个奇缘来。

　　人一熟了吃喝就不分了。先是书店的人留我在店中吃饭，后来我也买些熟肉食品拿到书店邀大家一起吃，算是回报。逐渐地，我认识了一些朋友，其中天津劝业场龙门书局的经理李卧卢先生就是在这里认识的。

　　卉园商行出售药品和化妆品多为代销式，货发往各处商店，待销售后再结账。由于当时制造药品和化妆品的原料大幅上涨，等到货款收回来时，连本钱也不够了。一来二去，经营越来越不景气，后来索性卖起原装药品来。

　　那时协和医院的大夫有的在北平、有的在天津开起了私人诊所。这些诊所如果光靠给病人看病很难维持，所以他们也是一边看病，一边卖药品。当时没有什么假药，药都是在各医院、各诊所之间倒来倒去，从中可以渔利。从此，我也开始来往于各商号之间。

　　每到天津，我总到李卧卢的龙门书局去串门。他的书店由一个姓张的先生和一位叫夏景修的女子管理账目、整理图书或为顾客送书等。每次去，夏景修对我都很热情，从她的言谈、举止和眼神中，我都能

----

① 点个卯　即"点卯"。旧时官厅在卯时（早上5点到7点）查点到班人员，此指到时上班应付差事。

感到她对我很好。她还邀我到她的干爹家去过。时间久了，我俩之间产生了感情。在她的干爹和李卧卢等人的极力撮合下，我和夏景修同居了。虽然当时可以娶两个老婆，但这事在征得父母及家室同意前，还不便公开。

能娶夏景修，这恐怕是我们那个时代的人与现代人不尽相同的地方吧。

日本投降后，来到北平接收地质调查所的高振西先生找到了我，说杨钟健托他带信给我，叫我回地质调查所上班。高振西在20世纪30年代初期从北京大学地质系毕业，后留校当了助教。他经常带着学生到周口店参观和实习，所以我俩很熟。对我来说，他的到来真是个大惊喜。不久中国地质调查所所长李春昱也来我家找我，希望我把商行的事处理好，早日回地质所上班。这不是我盼望已久的事吗？

我把商行盘给了好友阎斌先生。他的父亲开办过交通汽车行，家里很富足。阎斌自己也想把卉园商行接手过来大干一场，这正是我巴不得的事。后来他把接手后的商行从我家前院迁到了西交民巷，对于原来的股份是怎么偿还的，我也记不清了，因为我的心早已飞回到地质调查所。

正在这时，夏景修也来到了北平。我在西城王爷佛堂胡同租了三间房子，把她安置好，然后就回到地质调查所上班了。

美国古生物学家葛利普

　　刚要上班，就收到了中国地质调查所北平分所办事处于1946年3月20日给我发来的讣告："葛利普先生于本月20日下午5时45分因胃出血病故于北平西四丰盛胡同3号寓所，特闻。"葛利普（Amadeus William Grabau，1870—1946）于1920年由美来华应聘，任中国地质调查所古生物研究室主任兼北京大学地质系教授。他来华25年，为我国培养了大批地质学和古生物学人才。现今的中国科学院地学部的很多院士都是他的学生或听过他讲课。他和丁文江先生都是我国古生物学的奠基人，没有他们领头在中国建立这门学科，中国这门学科的发展还不知要推迟多少年。

　　葛利普虽然是个美国人，但他热爱古生物事业，热爱中国。他希望通过自己的努力，培养更多的人才，把中国的古生物学科建立和发展起来。当日伪政权接收地质调查所北平分所时，他举着美国国旗坐在门口不准接收的人进入。后来他索性躺在那里。他还说，他要给他的同学、美国总统罗斯福写信，如果美国再不出兵打日本，他就和罗斯福绝交。

　　当北京大学南迁后，他的薪金也没了来源，暂由新生代研究室每月支付200元作生活费。这笔钱有时由裴文中、有时由我按时给他送去。

大概他教书有瘾，每个星期六还为我们讲古生物学。学生只有三个人，裴文中、我，还有一位王庆昌先生。我所知道的一点点古无脊椎动物的知识，都是从他那里学到的。

葛利普患有"千疮腿"（现在看来是脉管炎），从膝盖以下、脚掌以上遍是疮口。每日早晨，他的女秘书用消毒水为他洗疮口，然后涂上药膏，再用纱布缠好，他才能拄着双拐走路。后来他被日本人囚禁在丰盛胡同3号，我们无法入内，才断了联系。听说在囚禁期间，他还用废旧稿纸的反面，写成了一部书稿，这本最后写的书稿被他的女秘书带到了美国，卖给了胡适先生，胡适拿到我国台湾出版了。

他入殓时，我去了。我记得当时在场的还有裴文中、高振西、田本裕，另外还有一位我记不起名字来了。我们把他那赤条条的身子用白绫子盖上。他被折磨得只剩下一把骨头了，叫我们都不由得落了泪。我们五个人共同把他装进一个里面也铺着白绫子的西式棺材里，送到东郊火葬场火化。三天后，他的女秘书从铁箅子①上掏出骨灰，装入一个褐色的坛子里，送到了沙滩地质馆，埋葬在院子中央，并在墓地周围种上了松树。后来，他的骨灰移葬于北京大学校园内。

---

① 箅（bì）子　有空隙而能起间隔作用的器具，如蒸食物用的竹箅子，下水道口上挡住垃圾的铁箅子等。

与胡适谈合作

回到了地质调查所，重操旧业，又搞起了老本行，我的心愿也实现了。我寻思着再好好干上一场。刚上班，已任北平分所所长的高平找我谈话，说我的职务仍然按1937年上报铨叙部的技士来定，并且早已正式批准。

重新回到了兵马司，除见到了裴文中外，还见到刚从辅仁大学毕业、由一位神父介绍给裴文中来此上班的刘宪亭先生。此时的一些老朋友多不见了。卞美年到玉门油矿去了，他的愿望本来就是搞经济地质，如今也如愿以偿了。与我共事多年的李悦言，虽还有书信来往，但他也与侯德榜搞"红三角牌碱面"去了。杨钟健去了国外。所里的人虽还认识不少，但总觉得到了一个生疏的地方，自己倒像是个外来人。

干我们这一行，如果没有标本，没有图书，没有有能力的研究人员，就等于是个空架子。特别是标本和图书，被日本侵略者破坏了不少，一些标本也散乱了，到哪里去弄标本呢？

此时北平协和医学院也开始恢复，原来管学生注册的美国人福开森女士又回到了协和医学院。我去找她，询问新生代研究室遗留的东西。她愣了一会儿说，好像小东门外的库里有一些东西，像是你们的。说完就带着我去查看。她打开库房，屋里乱七八糟，尘土很厚，木架子上和地上堆满了东西，连个下脚的地方都没有。

我仔细查找。木架子上和地上堆了很多模型的模子，还有一些现生的脊椎动物的骨架，周口店现在还陈列着的大扁角鹿的完整犄角，韩丽娥女士（美国人，曾任北平协和医学院解剖科及新生代研究室秘书）的丈夫从非洲猎来的象头骨骼，还有一些装在大黑木箱里的现代人的头骨。其中虽然有些是解剖科的东西，由于它们原先放在魏敦瑞的研究室里，也被算作是我们的东西了。同时我还找到了一些新生代研究室使用过的办公桌、柜子等。经福开森女士的同意，我在上边都做了记号，准备运回兵马司。

往回运的那天，由于没有车，我们只有雇人运。一时间挑的挑、扛的扛，加上有很多动物骨架，一路上招来了很多人看热闹。

抗日战争前，新生代研究室还保存了很多现生的动物骨骼标本，在亚洲也可以堪称第一。我管理过标本，所以我对标本的重要性很有认识。

东西运回来后，我和刘宪亭开始整理。我们一件件重新核对，重新建卡，重新码放，着实费了很多精力，但总算把标本又整理起来了。我们每年还要对标本进行清理除尘，放上卫生球，避免虫蛀。有些零散的骨骼需制成完整的骨架，我们没有那种手艺，还是由王存义先生来完成。我们和动物园还有个不成文的协定，动物园里非病死的动物交给我们，由王存义剥制，再制成骨架，所以标本慢慢地又多起来。可惜"文化大革命"期间标本再次遭到浩劫，我们非常痛心。

新生代研究室恢复之后，裴文中就想与外单位合作。开始与裴先生接触的是北京大学校长胡适。他经常找裴先生谈合作的事。

我和裴先生在一个办公室，有时裴先生不在，胡适就跟我谈合作事宜。我做不了主，也拿不定主意。有一次高平（中国地质调查所北平分所所长）找我谈话，提起这些事，我跟他谈了我的看法。我觉得

既然没事可做，如果他们能给经费，至少可以再发掘周口店，合作的事不妨试试，翁所长不是也跟美国人合作过吗？高平听了，面带怒容地说："你既然是地质调查所的人，就在这里好好工作吧。根据以前的安排，你还是主管你的陈列馆和标本。"后来杨钟健回到北平，我把合作的事跟他一说，他也不同意，还很生气，不住地拍桌子。

此时，胡适为我们找到了房子，在宣武门国会街，即军阀[①]时期召开国会的地方。杨先生本不想去看房子，经我劝说，勉强去了。

到了那里，有人领着我们转了一圈。院子很大，紧靠东墙有处两层高的楼，是准备给我们用的。当然我们也借机参观了过去召开国会的地方。那大厅是圆形的，主席台在正中央，四周的座位从主席台周围的第一排起，往后一排比一排高。座前的小桌子上还有个墨盒，用手去拿，拿不动。仔细一看，墨盒都用钉子钉死了，看来是怕开会时，不同派别争吵起来，抛墨盒砸人吧。能借机到此参观也不虚此行。

与北大合作的事，由于杨钟健极力反对而作罢。但此后，裴文中又与燕京大学校长司徒雷登有了接触，看来裴文中先生对合作之事仍不死心。司徒雷登打算先把燕京大学校园内东北角的一处四合院交给新生代研究室用，成立个史前博物馆。

裴文中与我商量后，又与高平商量，并给南京的杨钟健去了信。结果他们都同意了，我当然更没什么可说的了。不过在往新地点拿标本时，我只拿去了一点儿动物骨骼，还有我正在研究的、在河南安阳附近殷代墓地中发现的马的骨骼。至于"北京人"的模型、石器、骨器等我都没敢动，倒是裴先生把他从法国带回来的东西运过去不少。

中华人民共和国成立后，燕京大学取消，北京大学搬入燕京大学，这些标本就都属于了北京大学，现在它们还存放在北京大学考古系。

---

① 军阀　旧时拥有武装部队，割据一方，自成派系的人。

在与燕京大学的合作期间，我和裴文中走访了不少著名的前辈学者，如李汝祺、鸟居龙藏（日本考古学家，时任燕京大学教授）、吴文藻等先生和谢冰心女士等。特别是吴文藻先生，我与他以前就很熟识，他经常带学生到周口店参观。从1935年起，我就接待过很多燕京大学的老科学家。从他们的身上我学到了很多宝贵的治学经验和品德。

重振周口店

　　1949年1月北平解放。中国人民解放军正以摧枯拉朽①之势，向国民党反动政府盘踞着的南京挺进。全国解放即在眼前。

　　北平刚解放不久，人民政府向各个机关派驻了联络员。地质调查所北平分所也来了联络员赵心斋同志。有一天，陈列馆看门的老张头找到我，说有人要参观陈列馆，叫我去接待一下。当时的陈列馆在丰盛胡同3号，前门关闭，只开后门，斜对着兵马司9号分所的大门。这个陈列馆平时不开放，只供学校地质部门的学生和研究人员学习和参考之用。看门的仍是过去的老人——老张头。

　　老张头说来参观陈列馆的是个老人。我到时，老人正在门口等候。见面握手，彼此客气了一番。只见老人身穿蓝布制服，非常和善。我陪他边走边看。他问了很多问题，我都一一仔细地做了回答。当他看到周口店山顶洞发现的许多副脊椎动物的骨架后，说："周口店你们还应当发掘啊！"我说："中华人民共和国刚成立，国家正处在百废待兴的时刻，恐怕顾不上这项工作。"他说："这也是我们应该做的事。他们有人不懂，可以跟他们说清楚发掘的必要性，一次不行再说，再说

――――――――――――――

① 摧枯拉朽　摧折枯草朽木，比喻迅速摧毁腐朽势力。

不行，可以向上边反映嘛。"临走他在签名簿上签了名。

我回所后去找赵心斋，说："这老头来头可不小啊！"我把老人说的话向他学舌了一遍。赵心斋听后叫我拿签名簿给他看。他一看，"哎呀"了一声："这是共产党的四老之一徐特立呀！"我想，怪不得他说话那么硬气。

徐老参观过后一个多星期，赵心斋叫我做个详细的周口店发掘计划。我心想，现在刚解放，各个方面都需要钱，就做个小打小闹的计划吧。这样既能有点儿工作干，又能为国家省点钱。没想到计划修改了几次都没能通过，还是赵心斋亲自动手把经费数字增加了很多，才最后通过了。

我记得当时的薪金是用小米计算的，我每月大概是900斤小米。当然也有超过千斤和更高的。虽然这不如旧社会薪金高，但旧社会物价飞涨，有时一天三变，尽管薪水多，也赶不上物价的上涨。

周口店的计划批下来，由我当队长，刘宪亭任会计，组成了一个发掘队。我们到了周口店一看，面目全非。原来的房子被日本鬼子拆毁后，改修成了工事，满地杂草丛生，遍山荒芜不堪。这又不由得使我想起了被日寇杀害

> 铭记历史，才能以史为鉴，才能知耻而后勇。今天的幸福生活来之不易，我们绝不能忘却祖国曾经遭受过的苦难。

的赵万华、董仲元和肖元昌。他们的音容笑貌，历历在目。这怎么不令人痛恨日本军国主义呢！我真希望在房山县西门外立一座石碑，刻上被日本鬼子杀害的死难者的名字，以示对他们的永久怀念，教育子孙后代不能忘却这段历史。

这里没法住了，我们来到了琉璃河水泥厂采石场宿舍，暂时住下。首要的工作是找到过去在周口店挖掘的技工。先找到的是乔瑞，我们与他协商了发掘和报酬的事。他说他在灰窑做工每天是5斤棒子，我们给他5斤小米，这要比灰窑的工钱高，他同意了。两天之后，他找来了

一批工人，随后发掘工作就正式开始了。

我们先要把1937年回填的土重新挖掘出来。挖土中，在"北京人"化石出土地点的表面上突然发现了5枚人牙。但我们看得出来，这些牙齿并非出于原地层，而是出自上部第4层（灰烬层），是坍塌下来的产物。不管怎样，这是中华人民共和国成立后的第一次发现，是个好兆头。

没有办公地点和宿舍，工作起来很困难。我回到北京和上级部门商量建宿舍的事，但得到的回答是：野外队不能建房，只能用帐篷或活动木板房。我认为这对我们不适合，我们是固定在周口店搞发掘工作的。

1950年下半年，我们买了些旧房料，自己动手盖了三间小房。盖房时连裴文中都爬上了屋顶钉椽子。门窗请木匠做，山上有的是石料，马马虎虎就把房子盖起来了。因为我们都是外行，房子盖好后才发现椽子距离大小不等，大家笑个不停。这个房子既成了我们的宿舍，也是我们的办公室，还接待过不少来参观的客人。中间房屋的两侧，都搭了一块木板，作为陈列之用。在这样的条件下，我们住了两年之久。

地质部的前身，中国地质工作计划指导委员会成立之后，新生代研究室在1953年改为古脊椎动物研究室，归属于中国科学院领导，1957年扩大成中国科学院古脊椎动物与古人类研究所。

杨钟健所长陪同竺可桢副院长到周口店参观，他们见办公和住所条件太简陋，指示由科学院出经费，在日寇拆毁的旧址上重新盖起了一座新式房屋，面积有295平方米。房屋东边一侧做陈列室，西边做办公室和住所。为什么要建295平方米呢？因为按当时的规定，建超过300平方米的建筑要由主管房屋的部门审批，不足这个数的科学院可以自己做主。这里我们还打了一个埋伏呢。有了新的陈列室和办公室、住所，周口店的工作条件有了很大改善。此外，周口店的工作也得到了党和国家领导人极大的关怀和重视，很多国家领导人参观过周口店。裴文中曾接待过刘少奇同志；我也接待过邓小平同志和彭真同志及他的夫人，还有北京市的公安局长等其他领导。邓小平同志在参观中详细地向我询问有关人类的起源问题和今后如何开展工作等问题，我如实做了回答和汇报。他听得非常认真，没听清楚的，还要重新问。

在我陪彭真市长及夫人参观期间，有人在周口店村东边太平山脚下发现了个山洞。洞内有各式各样的钟乳石，像石柱、石笋、石幔等，景观非常美丽。彭真当即建议，这么美的洞穴不要为取点石头毁掉，应当加以保护，成为旅游景点。可惜的是，后来这个洞因采石灰岩被毁掉了。

还有一次，我正在检查工作，一个青年人跑来告诉我，说叶剑英同志来啦！我赶忙回来接待。会客室里，叶帅一边喝茶，一边听我们讲周口店的发掘史。他谈起话来非常和气，没有一点儿领导人的架子，连我们的生活问题都问到了。最后他参观完挖掘地点，满意地走了。要说最常到周口店来的是我们的老院长郭沫若。他对我们的工作非常感兴趣，有时还亲自动手挖掘。他很随和。

1958年我同北京大学历史系考古专业的师生一起合作发掘，杨所长和郭老突然来了。当时我正在周口店养病，我的老伴夏景修也来到周口店照顾我。郭老可称得上是个才子，他给学生讲话，没有准备，不用讲稿，讲起来滔滔不绝，头头是道。同学们也听得津津有味。这一讲可就到了下午1点多了。

有人把我拉到屋外说："他讲得太久了，恐怕要在这里吃饭了，叫嫂夫人快准备准备吧。"这可把我老伴急坏了。郭老是院长，又是副委员长，要是从外边买回现成的，怕不干净吃出毛病，自己做吧，又没什么菜。没辙了，只好用一点儿蔬菜加瘦肉丝炒了四盘菜，酒家里有；主食是面条，连个卤也没有，就用酱油和醋做了个"氽儿①"，用来拌面。没想到他吃得很香，其实他不是个在乎吃喝的人。

---

① 氽（cuān）儿　拌面条儿的卤汁，也叫"氽儿卤"。

一场长达四年之久的争论

　　中华人民共和国成立后的首次发掘，除了发现的五枚牙齿外，还在山顶洞洞口东侧"北京人"遗址的堆积中挖掘出一块头盖骨。

　　30年代，我曾在这个地方发现过一块"北京人"的头骨，当时我没再向里面挖。我相信再向里挖，说不定还能找到人头骨的另一半。我把我的想法说给青年人，他们这样做了，果然发现了一块头骨。虽然这块头骨与1934年发现的那块对不起来，但它给了我们一个最有力的证明，就是"北京人"在周口店生活期间，由前到后断断续续有近50万年，而身体的构造并无多大变化，只是在上部发现的下颌骨前下部出现的"颏三角"可以认为是下颏的"雏形"。

　　周口店初建陈列馆，得到了竺可桢副院长和杨钟健的大力支持。1952年陈列馆建成后，为了使周口店的发现能早日与参观者见面，我带领全体工作人员没日没夜地工作，有的清理标本，有的布置展台，有的写标签。大家没有一点儿怨言，每个人心中只有一个愿望：把陈列馆布置好，早日开放。回想起当时的工作情景，真使人感到激动和鼓舞。虽说新建成的陈列馆不大，但比起用两块铺板展示标本的情景来，又使人大喜过望了。

　　预展之前，杨钟健先生来了，他将全部展台展柜都检查了一番，很满意，他对大家说了很多鼓励的话。随后，裴文中先生也来了。当他看到展柜里陈列着一些骨器时，非常恼火。裴问："这些是什么？"我答："骨器。"他叫我们把展柜打开，一边扒一边扔，还说："这也是骨器？"原本我们摆放得很整齐的标本，这下倒好，全乱套了。我也有点儿火了，红着脸争辩说："您的老师步日耶和您自己都承认'北京人'也制作过骨器使用嘛！这些都是选出来打击痕迹很清楚的材料，怎么说它们不是骨器呢？""那就在预展期间听听别人的意见再说吧！"裴先生不再说什么了，我也转怒为笑，陪他参观了其他部分。等裴先生走后，我又一块块把标本按原样摆放好。

想想刚才的争辩，我觉得我们都不太冷静，特别是我，怎么能对裴先生发火呢？我刚来周口店时，是一个什么都不懂的小伙计，不是他一点一滴地教会了我很多的东西吗？"一日为师，终生不忘"才是道理。我还是应该检查检查自己和我们工作中的不足。

这点小小的不愉快，我没往心里去。当然我更知道裴先生也不会往心里去，他向来都是有意见有看法摆在桌面上的，从不在你背后做手脚。不知怎么，这事传到了杨钟健耳朵里。我回到北京，杨先生问我到底是怎么回事，我把前前后后的经过说了一遍。杨先生很认真，问我碎骨是不是人打制的，是不是骨器。我说："步日耶认为有许多是骨器，我认为没有错。就连您自己研究过的《周口店第1地点之偶蹄类化石》（《中国古生物志》丙种第8号）一书中所使用的材料中也有许多是骨器。只要我们仔细观察就会弄明白。"

我接着说："一点儿小事过去就完了。"

杨钟健对这个问题十分重视，他认为对骨器的看法既然有分歧，就应该把问题公开化，加以讨论，否则在一个陈列馆里，各说各的，认识不统一，参观者更搞不明白，总不像话吧。杨先生的想法很合我的心意。我说一点儿小事过去就完了，只是说发火的事。对于学术上

的分歧，我也想找个适宜的时机与裴先生争辩争辩。我想人的头脑要围着事实转，不能叫事实围着自己的头脑转。对的就要坚持，不管你是外国的权威，还是中国的权威。错了就要改，不改则误人误己。

当时，我的工作很忙，既任标本室主任，又兼周口店工作站站长，还任新生代研究室副主任（杨钟健任主任），经常跑野外调查，还要搞室内的研究，无暇顾及争鸣的问题。直到1959年，我才在《考古学报》第3期上发表了一篇题为《关于中国猿人的骨器问题》的文章。文中说：

自1933年裴文中教授在中国猿人化石产地发现石器和用火的遗迹之后，又一次引起了学术界的注意。首先为此事来我国的是法国步日耶教授，他在周口店做了几天观察，不仅承认了石器和用火的遗迹，而且认为所发现的碎骨中有许多是加工过的骨器。于同年的冬季，他在北京举行的中国地质学会会议上，对石器和用火的遗迹以及骨器的意义做了一次简单报告。后来他再次来我国，又把所发现的碎骨和碎角做了一次研究，写出了一本周口店《中国猿人化石产地的骨角器物》专论，发表于《中国古生物志》。1933年由步达生、德日进、杨钟健、裴文中诸教授合著的《中国原人史要》一书中，也对中国猿人的骨器做了扼要的阐述。

尽管这个问题在刊物中一再提出，但在考古学界并未得到一致的认识。有人认为碎骨和碎角上人工打击的痕迹有的是用石锤砸出来的，有的是用许多带刃的石器砍斫出来的；砸击或砍斫的目的有时是为制造骨器。但也有人认为，有的骨骼是被动物咬碎的，有的是被洞顶塌落下来的石块砸碎的；虽然有一部分骨骼可能是为中国猿人打碎，但打碎的目的不是为了制造骨器而是为了吃骨骼里面的骨髓。像上述的对立的看法始终也未统一，在我们的古脊椎动物研究所里，一直到今天还存在着不同的意见。

中国猿人化石产地，在高达40米的堆积中，都发现过哺乳动物的骨骼化石，而所有的化石除了极少数的猪、鬣狗、熊的头骨和斑鹿角（只有一对）之外又都十分破碎。根据破碎的痕迹观察，破碎的原因相当复杂，如果把它们归于单方面的原因，是与实际情况不符的。

裴文中教授在20年前也曾把当时新生代研究室里保存的、认为不是人工破碎的哺乳动物化石加以搜集、研究与试验，写出了一本《非人工破碎之骨化石》（1938年），发表于《中国古生物志》上。他在正文中把碎骨分啮齿类动物咬碎、食肉类动物咬碎、食肉类动物爪痕、腐蚀纹、化学作用、水的作用等六段来叙述，把中国猿人化石产地的一部分碎骨也包括在内。

文章一开始，我就对周口店骨器的研究、不同的意见和看法做了阐述。对于裴文中提出的上述几点原因，我也谈了我的看法。

我认为裴先生提出的关于碎骨的几个原因都有可能，但必须对碎骨和碎角的痕迹加以分析，不能一概而论。即使在同一块骨头上，由不同的原因产生的痕迹也会存在。观察任何事物，都不能以其中的一种现象来掩盖全貌。

洞顶塌落下来的石块把洞内的骨骼砸碎是完全可能的。……砸碎的骨骼一般都看不出打击点，即使偶尔看出砸的痕迹，但它没有一定方向，而且又集中于一点上；同时被砸碎的骨骼，在它的周围还可以找到连接在一起的碎渣。

人工打碎的痕迹在我们发现的碎骨中有很多。

问题在于打碎的目的是什么。有人认为：打碎骨骼是为了取食里面的骨髓。这种说法并非不近情理。……那么，是不是所有人工打碎的骨骼都可以用这个原因来解释呢？我认为不能，因为有许多破碎的骨骼用这一原因就解释不通。

我们发现了很多破碎的鹿角，肿骨鹿的角虽然多是脱落下来的，但斑鹿的角则是由角根地方砍掉的。这两种鹿的角，多被截成残段，有的保存了角根，有的保存了角尖。肿骨鹿的角根一般只保存有12～20厘米长，上端多有清楚的砍砸痕迹；斑鹿的角根保存的部分较长，上下端的砍砸痕迹都很清楚，并且第一个角枝常被砍掉。发现的角尖以斑鹿的为多，由破裂痕迹观察，有许多也是被砍砸下来的。在肿骨鹿的角根上，常见有坑疤，在斑鹿的角尖上常见有横沟，很可能是使用过程中产生的痕迹。

有一些大动物的距骨和犀牛的肱骨，表面上显示着许多长条沟痕。由沟痕的性质和分布的情形观察，可以断定它们是被当作骨砧使用而砸刻出来的。

破碎的鹿肢骨发现最多，特别是桡骨和蹠骨，它们一端常被打成尖状，有的肢骨还顺着长轴被劈开，一头再被打成尖形或刀形。此外还有许多的骨片，在边缘上有多次打击的痕迹。像上述那样的碎骨，我们不仅不能用被水冲磨、动物咬碎或石块塌落来说明它，也同样不能用敲骨吸髓来解释。……敲骨吸髓，只要砸破了骨头就算达到了目的，用不着打击成尖状或刀状，更用不着把打碎的骨片再加以多次打击。特别是鹿角，根本无髓可取，更不能做无目的的砍砸。截断了的肿骨鹿的角根，既粗壮又坚硬，我同意步日耶教授的看法（我并不承认步日耶教授的全部意见，只是承认我认为是可靠的部分），它们可能是被当作锤子来使用的。带尖的鹿角或者是打击成带尖的肢骨，我认为都是当作挖掘工具使用的。

对被水冲磨的痕迹，我认为：

被水冲磨的碎骨很多……但是这种痕迹是很容易识别的，绝不会当作人工痕迹来看待。

对于被动物所咬的痕迹，我认为：

在发现的碎骨中也存在着被动物咬的痕迹。……特别是啮齿类动物喜欢咬一切东西，不仅咬骨头也咬石头。它们的喜咬是由于门齿无齿根，而又连续在生长，如果不经常摩擦则可使它不便于食而致死亡。……但是被啮齿类动物咬过的痕迹是容易区别的。因为它们都是成组的直而宽的条痕，好像用齐头的凿子刻出来的；条痕之间有左右门齿的空隙所保留的窄条凸棱，而且由于上下门齿咬啃，条痕是上下相对的。咬痕的大小与宽窄，则视动物大小而定。在肉食类动物中，以鬣狗的咬力最强，它们可以咬碎马、牛等大动物的骨骼。这种动物咬碎的骨骼和人工打碎的骨骼虽然易混淆，但是仔细观察，仍然是可以区别开来的，因为牙齿（多用犬齿）咬碎的常常保持着上宽下窄条形的齿痕，而这种齿痕又多是上下相对的。

此外，我在《中国猿人》（1950年龙门联合书局出版）小册子中写道，周口店还发现了许多自然脱落或砸去鹿角的头骨，它们的面部和头骨底部都被砸掉，只保留了鹿的脑瓢，这样的头骨前后发现有数百个之多。步日耶认为这些头骨是中国猿人用来作为舀水器皿的。我认为"北京人"的头骨情况也是如此。我们发现完整的或比较完整的人头骨共有5个之多，它们也都被砸去了头骨的面部和底部，只剩了瓢儿似的头盖，看来也是作为舀水的工具使用过。

裴先生对我的意见提出了反驳。他在《考古学报》（1960年第2期）

上发表了一篇文章——《关于中国猿人骨器问题的说明和意见》。文中说：

> 我个人还有些不同意贾先生1959年的说法。我个人认为，打碎骨头，是因为骨质内部结构的关系，骨头破碎时自然成为尖形或刀状。这不是中国猿人能力所能控制的，不是有意识地打成的。这是可以用最简单容易的试验证明的。我们如果将现在的猪的长骨打破，我们可以看看是不是可以成尖状或刀状。这不能成为争辩的问题。

文章继续写道：

> 我自己不反对，周口店一些碎骨上有人工的痕迹，就是最保守的德日进也承认鹿角上有烧的痕迹，也有人工砍砸的痕迹。但是他认为是为了鹿头在洞内食用时，携入有庞大的鹿角不方便，而将鹿角砍砸下来。他的意见是烧了以后，容易砸落，烧的痕迹正可以证明是为了砍掉鹿角而遗弃不食……

文章最后说：

> 贾先生应当不会忘记自己所说的话，"骨片之中，虽有若干是经人力所打碎，但是有第二步工作的骨器则极少，如果严格地说，连百分之一都不足"，而不一般地讲："将中国猿人产地发现的碎骨化石，逐渐地都加以详细研究，也像石器一样的可分为下列几类工具"，贾先生"连百分之一都不足"的分析，是很正确的；但是把中国猿人的"骨器"说成"像石器一样的……"则不免失之于过分了。

裴先生的意见，我认为在很多处与事实不符，当然不能把我说服。我和裴先生前后讨论过不少问题，关于骨器的讨论只是问题之一。

关于中国猿人产地石器的性质和中国猿人（今"猿人"一词早已废弃，改学名为"北京直立人"或"北京人"）是否是最早的人这个问题的讨论就长达一年多之久。

因为讨论的都是学术问题，在学者之间因观点不同而争鸣是很正常的现象。有时争得面红耳赤，但并不伤感情。我和裴先生经常用争鸣得到的稿费，一起到饭馆"撮"一顿，杨钟健知道了，也凑热闹地和我俩一起去蹭一顿。

在"北京人"之前是否还有更原始的人类存在的问题上，德日进认为中国不会有比中国猿人再早的人类；而裴文中则认为"北京人"是世界上最早的人类，不会有比"北京人"更早的人类了。

我和我的学生，也是好友王建，在深入研究了周口店"北京人"使用的石器，特别是用火的遗迹后，认为裴先生的看法不正确。他这种看法是关上了问题的大门，不利于本门学种的发展。因而我们以《泥河湾期的地层才是最早人类的脚踏地》为题，在《科学通报》1957年第1期上发表了一篇短文。

泥河湾期的标准地点在河北省西北部的阳原县境内，为一河湖相沉积，由沙砾和泥灰质土组成。经过研究论证，泥河湾期所产的重要哺乳动物化石，其时代比"北京人"化石地点发现的动物化石要早得多，并且它们还是相互衔接的。因此，我们在短文中指出：

中国猿人的石器，从全面来看，它是具有一定的进步性质的。我们从打击石片上来看，中国猿人至少已能运用三种方法，即摔击法、砸击法、直接打击法（锤击法）。从第二步加工上来看，中国猿人已能将石片修整成较精细的石器。从类型上来看，中国猿人的石器已有相当的分化，即锤状器、砍伐器、盘状器、尖状器和刮削器。这种打击石片的多样性和石器在用途上的较繁的分工，无疑标志着中国猿人的石器已有一定的进步性质。虽然如此，但也不容否认，中国猿人的石器和它的制造过程还保留着相当程度的原始性质。

人类是否有一个阶段是用"碎的石子，以其所成的偶然形状为工具呢"？肯定是有的。但事实证明，这种人类不是中国猿人，而应该是中国猿人以前的、比中国猿人更原始的人类。假若没有这样一个阶段，就不可能有中国猿人那样的石器产生。因为事物是由简单到复杂、由低级到高级而发展的。同时很多事实表明，人类越在早期，他的文化进步越慢。那么，中国猿人能够制造较精细的和种类较多的石器，这是人类在漫长岁月中同自然做斗争的结果。由此可见，显然与中国猿人时代相接的泥河湾期还应有人类及其文化的存在。

我们还从中国猿人能够使用火、控制火，以及中国猿人的脑量和体质几个方面证明，中国猿人不可能是最原始的人。

20世纪60年代初期，裴文中先生对我们那篇短论进行了反驳，他以《"曙石器"问题回顾》为题，在《新建设》杂志1961年7月号上发表了一篇文章。文章很长，又引用了不少外国的材料，其中有一段话，才是他的重点所在。他在文章中说道：

至于说中国猿人石器之前有人工打制的"石器"，我觉得这种说法也难以成立。周口店第13地点的时代是要比第1地点较早一些，但周口店第13地点的石器，我们始终认为它仍然是中国猿人制作的。而且也只有1件石器，虽然它的人工痕迹没有人怀疑，但不能说是一种文化，或者说是中国猿人文化以外或以前的一种文化。更不能证明中国猿人之前，存在着另一种人类，如莫蒂耶所说Homosinia（半人半猿）之类的"人"一样。

至于说中国泥河湾期（即更新世初期）有人类或有石器，我们应该直率地说，至今还没有发现。同样的问题，也就是"曙石器"问题，在西方学者中曾争论了近百年，也有许多人尽了很大的努力寻找泥河湾期（欧洲维拉方期）的人类化石和石器，但没有成功。如果欧洲的科学发展程序可以为我们借鉴的话，我们除了在一些基本原则问题上展开"争鸣"以外，是否可以做一些有用的工作，如试验、采集工作？这比争论现在科学发展还没到达解决时间的问题，或比在希望不大的地层中去寻找有争论的"曙石器"，可能更有意义一些。

我和裴文中对于"北京人"是否是最原始的人的争论，引起了很大的轰动。《新建设》《光明日报》《文汇报》《人民日报》《科学报》《历史教学》《红旗》等报刊上都发表了对此争鸣的文章和意见。根据我的回忆，参加这场争鸣的人，除了我和裴文中二人外，还有吴汝康先生、王建先生、吴定良先生、梁钊韬先生、夏鼐先生等。大家都认为中国猿人不是最原始的人。

我对"北京人"不是最原始的人类的认识，并非从20世纪50年代中期才开始，而是从我主持周口店发掘工作之后开始的。在工作中边干边学习，我对所干的这行产生了兴趣，加深了认识，对"北京人"及其文化的"最原始性"产生了疑问。这个疑问是看见"北京人"遗址中有成堆的灰烬而引出的。

火对人来说，有着有利的一面，也有着有害的一面。能够用其有利的一面而避其有害的一面，绝不是人类在很短时期内所能办到的。我们能够想象得到，最初的人类遇见山火时必然惊慌万分，到处逃窜。在发掘中，我们看见在一块巨大的石面上，有的灰烬成堆，灰堆中还有烧骨。灰堆的存在，证明了当时"北京人"已经能够控制火，并使火不四处蔓延。从认识火、利用火到控制火这一进步过程，不可能是最早的人类一下子达到的，这是人类从实践到认识、从认识再到实践反反复复长期累积的结果。

再拿石器来说，“北京人”不仅能打出很好的石片，而且还能利用石片经过再加工，修理成适手的工具，这绝不是最初的人类所能办到的。

说石器没有分工是不可能的。比如制造的大型砍斫器（也称砍砸器）就不可能当作只有几克重的尖器来使用；反之这种小尖状器也不可能当作大型砍斫器来使用。特别是有一件石锥形长尖状物，它的一端打制成长尖状，一端是扁平状，这无疑是件石锥。至于当时的“北京人”锥什么东西，我们还没办法搞清楚，但对“北京人”打制的技术，我们没法怀疑是已有所进步了。这种进步也绝不是最初人类就能一下子掌握的。也就是说，这是人类为了自己求得生存，在与大自然的搏斗中长期累积经验的结果。

想法归想法，科学是要以事实为依据的，争来争去，没有证据，也是枉然。到哪里去找证据呢？我思想上也背了很重的包袱。找不到证据，无法向人们交代，好像欠下了一笔债，愁苦难言。

1962年夏鼐先生在《红旗》第17期上，发表了《新中国的考古学》的文章，其中有这样一段话：

> 1957年山西芮城县匼河出土的石器，据发现人说，比北京猿人还要早一些。现在我们可以将我国境内人类发展的几个基本环节联系起来。最近，关于北京猿人是不是最原始的人这一问题，引起了学术界热烈的争鸣。有的学者认为：“北京猿人已知道用火，可以说已进入恩格斯和摩尔根所说的人类进化史上的‘蒙昧期中期阶段’，不会是最古的最原始的人。匼河的旧石器也有比北京猿人更早的可能。”

到了这时，这场争鸣才算“刹了车”。虽没得出最终的结果，但这场争鸣对我们来说是一次大促进，它给我们搞这门学科的研究带来了极大的动力。为寻找比“北京人”更早的人类遗骸和文化，我们爬山、涉水、钻山洞，拼命地工作，为这门科学的发展带来了新的曙光。

发现了丁村遗址

　　1953年5月，一些工人在山西省襄汾县丁村以南的汾河东岸挖沙，发现了不少巨大的脊椎动物化石。山西省文物管理委员会[①]接到报告后，派王择义先生前往调查。在汾城县[②]人民政府程玉树同志的协助下，征集到了1.1米长的原始牛角、象的下颌骨、马牙等动物化石，还有破碎的石器、石片和像是人工打制的带有棱角的石球。

　　同年冬季，中国科学院古脊椎动物研究室（即现在的古脊椎动物与人类研究所）周明镇先生，到太原了解山西各地采集脊椎动物化石的情况，见到了这些石片。他认为石片上有人工打击的痕迹，就把它们带回了北京，做进一步研究。

　　旧石器过去在我国发现很少，大家看到了周先生带回的材料非常高兴。随即我们把夏鼐和袁复礼（1893—1987）等专家请到单位里来，一起观看标本并讨论"丁村"地点是否值得发掘。当时大家一致的意见是应该发掘。主持会议的杨钟健在会议结束时说："踏破铁鞋无觅处，得来全不费功夫。"并决定把丁村发掘作为古脊椎动物研究室1954年的

[①] 山西省文物管理委员会　现改为山西省考古研究所。

[②] 汾城县　后改为襄汾县。

重点工作之一。

裴文中先生对丁村的发现还不太放心，1954年6月，他与山西省文物管理委员会（现改为山西省考古研究所）的王建先生又前往复查。

回来后，两人的说法出现了分歧。裴先生说所有材料都是地面上拾到的；而王先生认为地面上和地层中均有。杨钟健则认为，过去发现得太少，无论如何也要组队前往发掘。裴问杨："如果没有发现谁负责？""谁也不负责。"杨钟健一边回答，一边做手势，为组队前往丁村发掘拍了板。此次组队由我担任队长。临行前杨先生对我说："如果你能在地层中找到一块石器，你就立了头功。"

这是中华人民共和国成立以后，除了周口店以外的首次大规模发掘。为了寻找人类的"根"，我们必须到全国各地去探寻。

我们这个发掘队除了我和裴文中先生外，还有吴汝康先生及张国斌等人，此外还有山西省文物管理委员会的王择义先生、王建先生等多人参加。我们研究所的人是1954年9月下旬出发的。裴文中先生当时在郑振铎先生领导下的文化部文物局任博物馆处处长，他有工作先去了西安，然后由西安到丁村参加发掘工作。

我们原计划是先到石家庄再转车到丁村。不料因娘子关铁路塌方，我们只好绕道陕西的潼关，然后乘船渡过黄河到风陵渡，再乘窄轨火车到达襄汾县的丁村。抵达潼关时已是午后，我们住在一家小旅店里。第二天清晨大家起床准备出发时才知道，裴文中先生也住在这个小店里。真是巧得很，没想到大家在这里就会合了。我们一起乘木船渡过黄河，到了风陵渡，又乘火车于22日抵达丁村。山西省文物管理委员会的诸位早就到了丁村，正做着准备工作。

23日清晨，我们就去查看地层剖面。沿着汾河东岸，北迄史村，南到柴庄，长达10多千米的地段上，均能陆陆续续看到石器，但多发现在地面上。人工打制的石片和石器，由于不明其出土地层，难免被人怀疑。

我们边查看，边搜寻。忽然有人喊："地层里有石器！"大家围拢过去。在一个剖面上有一层沙土，沙层内有一犀牛下颌骨，一块有很清楚打击痕迹的石器，一半还压在犀牛的下颌骨之下。我立即叫人把裴文中先生请来查看。他没否认这是块石器。我们把它挖了出来，做了记录。从地层中找到了石器，我当然异常高兴，因为回到北京，起码有了交代。

　　我们在汾河东岸的铁路两侧进行了一般性的观察，对当地的地质现象有了初步的了解。在11千米的范围内共发现了或多或少含有化石的地点9处，我们将其编号为54：90～54：98。

　　在上述地点里，我们选出了54：90和54：94两个地点试掘，以了解旧石器原生层位。这些旧石器和它同时期的脊椎动物化石，都被发现在顶部盖有黄土的微红色土层之下的沙砾层中。

　　这一地区旧石器分布很广，又很丰富，所以试掘之后，我们即分组进行发掘。发掘前首先对外露在剖面上的化石进行采集。凡是外露层面不全，而从地层上看又明显有重要发现的可能，即打探沟了解内部情况。每个地点都绘有剖面图，根据不同的层位进行发掘。

　　在发掘中，我们又在附近发现了5处化石地点，编号为54：99～54：103。这样我们前前后后共发现了14个地点。其中在11个地点中不但发现了哺乳动物化石，在化石同层中还发现了毫无疑问的人工制品。由于各地点所含的石器较少，我们只正式发掘了9个地点，而且把注意力集中在54：98、54：99和54：100三个地点上。这三个地点都在丁村以南，特别是54：100地点，位于离丁村1.5千米的汾河岸边上。这里不但发现了相当丰富的石器和哺乳动物化石，还发现了三颗人的牙齿。

　　丁村的发掘工作由9月22日起至11月12日结束，共计52天。发掘人员除了古脊椎动物研究室和山西省文物管理委员会共18人之外，每天平均还雇用民工24人。在3320立方米的沙砾层中采得石器、蚌壳和哺乳动物化石40余箱。动物化石有软体动物厚壳蚌等，还有鱼类中的鲤、青鱼等；哺乳动物化石有狼、貉、狐、河狸、方氏田鼠、短尾兔、披毛犀、梅氏犀、野驴、野马、野猪、赤鹿、斑鹿、羚羊、水牛、原始牛、德永氏象、纳玛象等20多种；人类化石只有三颗人牙，即右上内侧门齿、右上外侧门齿及右下第二臼齿。牙齿经吴汝康先生研究后得出结论——丁村人是属于"北京人"与现代人之间的人。

丁村出土的石器，虽然由于工人在取沙时掘出或被水冲出地表的不在少数，但无疑是出自地层之中。这些石器绝大部分是用角页岩打制的，角页岩石器占总数的94.7%，其他如燧石①、石灰岩、玄武岩、石英岩、石英、闪长岩等较少，绿色页岩和沙岩最少，只占0.1%。

丁村石器的类型，基本上是属于大型石器范围。有多边形砍砸器、球状器（石球）、似"手斧"石器（手斧）、单边及多边形器（弧形刃砍斫器和三角形砍斫器）、多边形器（周边有刃的砍斫器）、球形多边器（有的像石钻）、厚尖状器（即三棱大尖状器）、小型尖状器等，有些砍砸器还明显可看出砍砸的痕迹。最多的是石片和石核。

丁村的石器是我和裴先生共同研究的，我们最后的结论是："……（丁村）所发现的石器，代表一种特别文化，时代是黄土时期，即更新世晚期。就时代而论，比周口店中国猿人（北京人）文化及第15地点的文化都晚……""在欧洲，旧石器时代文化虽然很多，但没有可以和丁村文化对比者。因此，我们认为丁村文化是我国发现的一个新的旧石器时代晚期文化。无论在中国和欧洲以前都没有发现类似文化。"

最初我们推定丁村时代是山顶洞人和"北京人"之间的一个环节。

---

① 燧（suì）石　岩石，主要成分是二氧化硅，黄褐色或灰黑色，断口呈贝壳状，竖硬致密。敲击时能迸发火星，古代用来取火或做箭头，现代工业中用作研磨材料等。

我们把各地点的石器都作为同一个时期的石器来看待了。随着进一步的研究，我们发现各地点的时代并不相同，各地点的石器类型也不一致。

对于丁村文化遗址的发现，我要提出三位有重要贡献的人。

一位是襄汾县人民政府的程玉树先生，是他把工人在取沙时挖出的化石报告给山西省文物管理委员会的。如果没有程玉树先生的及时报告，就不可能有丁村文化遗址的发现。

第二位是王择义先生，他本来是个外行，但当山西省文物管理委员会接到报告，派他去调查时，他不但带回来了哺乳动物化石，还将见到的沙砾层中可能是人工打击作为石器使用的工具，也一并带回了太原。丁村遗址发掘后，他更加热爱这行。此后，他小包一背，小烟袋一拿，两条腿踏遍了山西的山山水水。他长期在野外寻找化石

> 择义先生的事例验证了"兴趣是最好的老师"这句话。但是，兴趣只是开端，若想有所建树，坚持不懈的努力才是让梦想落到实处的关键。

地点，竟自己摸索出了一套规律。山西很多的化石地点都是他发现的，他被人们称赞为古脊椎动物化石的好"猎手"。

第三位就是王建先生，他在这次发掘中，不但发现了三颗人牙，还通过自己的努力，从对旧石器一窍不通，成为了现在研究旧石器的专家。在1954年首次发掘之后的40多年中，王建先生和他的同事，从不同的角度对丁村文化做了全方位的深入而精辟的分析和研究，并基本上搞清了丁村文化的来龙去脉。他们的研究比我们的研究进展更深，这使我感到无比欣慰。丁村文化层的年代问题，一直是考古及地质工作者关注的热点问题，因为我们当时还没有测定"绝对"年龄的方法。1993—1994年我国的古地磁专家为丁村54：100及54：97两个地点推断出文化层的起止时间："54：100"剖面为13.11万±0.49万～11.68万±0.52万年；"54：97"剖面为12.82万±0.58万～11.86万±0.52万年，

取其平均值为12.96万±0.49万～11.77万±0.52万年。丁村文化应是属中更新世晚期。

1954年，丁村的发掘取得了可喜可贺的成果，但对我个人来说，却是极为不幸的一年。我在工作时突然接到杨钟健和我家中的电报，说我父亲病重，叫我速返。我听到消息后急速往家里赶。10月12日我回到了家，看见父亲躺在床上，已处于弥留之际。我大声呼喊着父亲，只见他抬起沉重的眼皮，看着我，像是说，我终于等到你回来了。13日他就与世长辞了，享年73岁。

在这期间，我的妻子栖桐和景修也见了面。这是她们第一次相见，两人都有说不出的苦涩，谁也没说什么，默默地办理老人的后事。当年还不主张火化，我们把父亲的遗体装入棺木，承科学院派辆卡车，将父亲运回玉田老家的墓地安葬。没多久，栖桐也病了，她肝部不适，常常吃不下饭，但仍硬挺着照顾着我的母亲和四个儿女。两年后，她的病情突然恶化，经中央直属第六医院诊断是肝癌晚期。她放心不下我的老母和在身边的儿女，住院不久，就坚持要出院回家。不久她也撒手人寰[①]，脸颊上淌着两行泪水溘（kè）然而去。

1960年，在德胜门马甸的土城以北兴建科学城。古脊椎所也迁到了祁家豁子，我和夏景修为了照顾老母和子女，也搬到祁家豁子新建的宿舍楼。全家人团聚在一起了。

可是这时我母亲又突然患了脑出血，我的妻子夏景修照顾了她八年。当时住房被没收了两间，由原来的四间一套变为两间一套，里边小间，我和景修睡，外间大一点儿，是我母亲和我的长子睡，我的长子因在高中时切除了一侧肾脏，在家休养，正好照顾他的奶奶。老人家在1968年的一天夜里寂然而去，临终没说一句话，享年84岁。

---

① 撒手人寰　指离开人世。人寰，人间。

寻找比"北京人"更早的人

丁村旧石器地点的发现和发掘，给我们带来了新的信息。从石器的特点来看，丁村石器代表了一种特殊的文化，这是黄河中下游汾河沿岸人类所特有的文化。它证明了旧石器文化在中国有着不同的传统，并非只有周口店"北京人"一种传统。"丁村人"的时代要比周口店"北京人"的时代晚。

我说过"北京人"不是最早的人类，我就一定要找到更早的人类，这也是我最大的心愿和目的。当时我的职务很多，有时影响了我到野外工地去，为此我还和杨钟健先生发过几次脾气。但他总劝我不要着急，将来再说。

1957年和1959年，为了配合三门峡水库的建设，中国科学院古脊椎动物与古人类研究所（原中国科学院古脊椎动物研究室，1957年改为现名）在那一带做了许多工作。从所发现的材料中可以看出，那一带是研究第四纪地质、哺乳动物化石和人类遗物的重要地点。经过考证，我们把匼河一带作为1960年度的工作重点。1960年6月由我带队，同往发掘的有王择义、顾玉珉、刘增、胡仲年、王奎昭、张引成、李毓杰以及山西省文物管理委员会的王建等先生。发掘的重点选定为60：54地点。同时还派人在附近搜寻新的地点。

60∶54地点即在匼河，那里的地层剖面很清楚。最下面是淡褐色黏土，其时代应为距今100多万年的更新世早期。在这上面是含有脊椎动物化石和旧石器的桂黄色的砾石层。这个砾石层有1米厚。再往上是4米厚的层次不平的交错层。这层之上为20米厚的微红色土，其间夹有褐色土壤和凸镜体薄砾石层，最上面是很晚的细沙和沙质黄土。

在为期一个半月的发掘中，我们发现了扁角大角鹿、水牛、师氏剑齿象等哺乳动物化石。发现的石制品是以石片为主，有大小石片和打制石片后剩下来的石核以及一面或两面加工过的砍斫器等。扁角大角鹿在周口店第13地点和"北京人"出土的最下层也有发现。根据这些动物的生存年代和绝种年代，我们认为应把匼河地点的时代划为更新世中期的早期。从石器上观察，"北京人"的石器在制作技术上比匼河发现的石器进步。尽管匼河的石器也有早晚之分，但我们都把它们按同一时代看待。无疑匼河石器要早于"北京人"使用的石器，至少60∶54地点是如此。

研究了匼河的石器后，1962年，我和王择义、王建在中国科学院古脊椎动物与古人类研究所甲种专刊第五号上发表了《匼河》一文。随后又和裴文中先生在《新建设》和《文汇报》上发生了争论。不过还是老生常谈①，没有什么新的内容。

这次发掘，我们虽把重点放在匼河，但仍派出了一些人在附近搜寻新的地点。就在匼河村东北3.5千米、黄河以东3千米的西侯度村背后的一座土山——当地人称为"人疙瘩"之下的交错沙层中，我们发现了一件粗面轴鹿的角。粗面轴鹿生活在200万～100万年前。在采集粗面轴鹿角的过程中，还发现了3块有人工打击痕迹的石器。

---

① 老生常谈　原指老书生的平凡议论，今指很平常的老话。

我们怕引起麻烦，所以只在《匼河》一文中说："其中还发现了几件极有可能是人工打击的石块。"很显然，西侯度是一个很重要的线索和地点。

西侯度是个不大的村庄，位于芮城县西北隅①、中条山之阳，西与永济县②的长旺村、独头村相接壤，北与芮城县舜南村相对峙。东邻东侯度，南界潭新村，并与同蒲铁路的终点站风陵渡相距10千米。

1961年的6月至7月和1962年的春夏之际，王建主持了两次发掘。参加发掘的人有山西省博物馆的陈哲英、丁来普等。我在北京整理标本，没有参加，但先后前往这个地点进行了观察和研究。由于当时的自然灾害等原因，他们的发掘都是在生活极端困难的条件下进行的，这种对待事业的精神也极大地感动和激励着我们这些科学工作者。

西侯度地点的地层剖面保存十分完整。由上新世到更新世晚期都有保存，总厚139.2米。产化石和石器地层，位于距底部79米之上的交错沙层中，有1米左右厚。从剖面就能看出，含化石和石器的地层属于更新世早期。发现的哺乳动物化石有：剑齿象属、平额象、纳玛象、双叉麋鹿、晋南麋鹿、步氏真梳鹿、山西轴鹿、粗壮丽牛、中国长鼻三趾马等。除鲤鱼、鳖、鸟和一些哺乳动物不能定种外，其余的均能定种，它们都是更新世早期的绝灭种。和化石同层发现的石器，除1件为火山岩、3件为脉石英，其余的都是各种颜色的石英岩。在石器的组合中，包括有石核、石片、砍斫器、刮削器和三棱大尖状器等。最大的石核有8.3千克重，它是从巨大砾石的边棱上，用巨大的石块砸击下来的，然后再加工成适手的砍斫器。还有漏斗状的小石核，是从台面（平面）的边缘，打下细小的石片再制作成的较小工具。在

----

① 隅（yú）角落。

② 永济县 今山西省永济市。

研究了这些石器之后，我和王建一起写了《西侯度——山西更新世早期古文化遗址》一书。由于种种原因，直到1978年此书才由文物出版社出版。

西侯度遗址的发现，使更多的人都确信"北京人"确实不是最早的人类，这是从文化遗存上得到证实的。能不能找到100万年前的人类化石？杨钟健叫我想想办法，这也是我的下一个目标。但要达到目的谈何容易！到哪里去找？正当我们无从下手的时候，机会来了。

1959年，地质部秦岭区测量大队曾河清先生在一次三门峡第四纪地质会议上介绍了陕西省蓝田县泄湖镇的一个第三和第四纪的剖面。同年，中国科学院地质研究所的刘东生先生，也到西安市郊和蓝田县泄湖镇采集脊椎动物化石，并对第三纪地层做了划分。根据这个线索，中国科学院古脊椎动物与古人类研究所于1963年6月派出了由张玉萍女士和黄万波、汤英俊、计宏祥、丁素因及张宏先生6人组成的野外工作队，到蓝田县境内的新街、泄湖镇、公王村、厚子镇和黄家新村等地，开展了系统的地质古生物调查和发掘。

就在这次野外考察中，7月中旬在距蓝田县城西北10千米的泄湖镇陈家窝村附近发现了一具完好直立人（过去称猿人）的下颌骨和一些石器。下颌骨经吴汝康先生研究定名为"蓝田猿人"。蓝田猿人是距今60万~50万年前的人类，它的发现巩固了蓝田地区在学术上的重要地位。

1963年第四季度在北京举行的全国地层委员会扩大会议上，提出了由中国科学院古脊椎动物与古人类研究所与其他有关单位协作，再次对蓝田地区进行详细调查，并筹备1964年第四季度举行一次蓝田新生界现场会议的议案。

这么大范围进行新生代地层的调查，绝非我们一个研究所能够完

成，我们必须与其他部门密切合作才行。地质部门、大专院校和中国科学院有关研究所共9个单位参与了这项工作。大家协同作战，对这一地区的地层、冰川、地貌、新构造、沉积环境、古生物、古人类和旧石器考古等学科涉及的领域进行了综合性的考察和研究。古脊椎动物与古人类研究所除了参与地层调查工作外，还承担了古生物、古人类和旧石器的发掘和研究。

1964年春，古脊椎动物与古人类研究所派遣以我为队长的考察队和由赵资奎等人组成的发掘队，对蓝田地区新生界进行了更大规模的调查和发掘。为了搞好这一工作，所里还派张玉萍、黄万波、汤英俊、计宏祥、尤玉柱、丁素因、黄学诗等前往工作，由毕初珍任秘书，此外，还派郑家坚、黄慰文、盖培、吴茂霖、张宏、武英等先生参加各个地点的发掘。

经过3个月的努力工作，我们不仅填制了450平方千米的1∶50000新生代地质图，实测了30多个具有代表性的地质剖面，还发掘出大量的脊椎动物化石和许多人工石制品。特别值得兴奋的是，在灞河西岸的公王岭，我们发现了"猿人"头盖骨、上颌骨及牙齿。

公王岭是一条土岗，在公王村背后，村前临灞河，后依秦岭，属蓝田县九间房乡，离西安市区66千米，在蓝田县城以东17千米。西安通往商县的公路就从公王岭山边经过。过了灞河桥就是公王村。

在公王岭见到的地层，底部是棕红色沙质泥岩与砾岩为主的沉积。在沙质泥岩中，发现了三趾马、鹿类和犀类的化石。我们判断其时代为距今500万～200万年前的上新世。这个沉积层厚约20米。在这层之上有一个剥蚀面。剥蚀面之上分布着厚33米、颜色呈灰白色的砾石层。

关于这一层的时代，有人认为是早更新世，我们在野外把它看作是中更新世的最早期。在这层砾石之上覆盖着30米厚的红色土。在红色土的底部之上约5米的地方，发现了很多哺乳动物化石。

在这个地点，同层的化石有的地方很多，有的地方则一点儿也没有。一些动物化石像大角鹿的犄角、古野牛的牙齿、三门马的下牙床等都被钙质结核胶结在一起，非常紧密，它们像是被水冲动过。像这样的埋藏形状过去很少见到。

5月22日发掘小分队发现了一颗人牙。黄慰文将其拿到蓝田县考察队的驻地给我看。我看一点儿没错，马上就邮寄给了北京的杨钟健所长，随后我也赶到了公王岭。当我赶到那里时，大家正围着一大块（约1立方米）被钙质胶结的土块，商量着怎么整块地起运走。土块上露出许多化石。当时正是雨季，化石很糟杇，在现场挖，怕把化石损坏。终于大家想出了"套箱法"，即用大木箱将土块套起来，再将土块底部挖空，把箱子翻过来，再把箱里空隙处灌注石膏，这样就能既方便又安全地将化石运走。

这一箱被钙质胶结在一起的化石堆运回北京后，当年8月，在修理化石技术能手柴凤歧的指导下，青年技工李功卓着手进行修理。几个月下来，修理出一些哺乳动物化石。10月19日，还修出了一颗人牙。这时大家都认为会有重要的东西出现，心情很激动。李功卓修理时更加精心了。几天后，果真修理出了一个人的头盖骨，随后又修理出了一颗人牙和一个人的上颌骨。

人类头盖骨的发现，所里看法不一。杨钟健所长马上召集裴文中先生、周明镇先生、吴汝康先生和我开会，叫我们各抒己见，谈谈这头骨到底属于什么。裴文中先生认为它可能是大猿的头骨，头骨被挤压后形成了现在的模样，而我、周明镇和吴妆康都认为它是人头骨。最后杨所长赞同我们的意见，也认为是人头骨，他还说，如有不同看法，可以发表文章，说明各自的见解，进行学术讨论。从此之后人头骨就成为定论，再也没有否定的意见。

　　人类化石是由吴汝康先生研究的。他把陈家窝村发现的下颌骨和公王岭发现的头盖骨合在一起，定名为"蓝田中国猿人"。我一直认为，陈家窝村的下颌骨和公王岭的头盖骨，实际上是两码事。陈家窝村的人化石，从下颌骨的构造上看应归于"北京人"，而公王岭的头盖骨才称得上是蓝田人，学名称"蓝田直立人"。

　　上述两个地点的哺乳动物化石也不一样。陈家窝村地点发现的哺乳动物化石与周口店第1地点基本相同；而公王岭发现的哺乳动物化石尚有南方种。后来经过绝对年代测定，公王岭化石层距今为110万年，陈家窝化石层只有60万年。

　　秦岭抬升很快，使它成了南北屏障，以至有"秦岭之南行船，秦岭之北行车"之说。在它未抬高之前，一些大哺乳动物可以越过秦岭到达公王岭地区。著名诗人王维（701—761，又说698—759）在秦岭的终南山之下隐居，当时他的门前还可通舟，现在河水已成细流，一步可以迈过。灞河从前行舟，由于秦岭抬升过速，现在灞河水流很急，已不能行舟，河水一泻而下直流向渭河。

　　仔细观察公王岭出土的头盖骨，可以看到它的外面凹凸不平。研究者认为是被水冲磨造成的。我认为不是，如果经水冲磨，头骨必然会露出里面的结构，同包子皮破了就会露出馅儿的道理一样。但此人头骨的结构与正常的头骨相比完全不同。在凹凸不平的地方，外面包有一层薄的外壳，里面也是一层薄壳，中间夹着棕孔样的结构。正常的头盖骨，从断破的地方看，内外是两块骨板，中间夹着海绵式的骨松质。公王岭头盖骨表现出的显然是一种病态。是什么病，我不懂。我记得，我小的时候在外祖母家读私塾时，村里有一个人在东北染上了梅毒。听说临死前，他的脑壳都塌了下去。当然我没学过病理学，只是联想。无独有偶，1976年、1977年在山西阳高县古城乡许家窑村发现的距今约10万多年前的许家窑人的头骨片中，也有公王岭蓝田人的现象。这是病理现象，还是环境、气候等生活背景影响造成的一种异常现象？看来这也是古人类学研究的课题之一。如果是病态，研究出他的病因、病源，岂不是有了世界上最早的一份"病历"？

公王岭蓝田人的发现，再一次在国内、国际上引起了轰动，国内外的报刊、电台、电视台纷纷报道。当时的气势有如1965年5月14日我国又成功地爆炸了一颗原子弹。的确，这是继20世纪20年代末、30年代中期，周口店发现了"北京人"之后，在我国境内发现的又一个重要的直立人头骨化石。它不仅扩大了直立人在我国的分布范围，而且把直立人生存的时代往前推进了五六十万年，从而给"我国有没有比'北京人'更早的人"的争论画上了圆满的句号。

轻松一课

一、化石大探险

同学们，欢迎你们踏上奇妙的化石大探险之行。现在，请依次回答下列问题，只有全部答对，你才能顺利到达挖掘地点，成功挖出化石哦！

作者等人前往丁村进行挖掘工作的目的是什么？

公王岭蓝田人的发现有什么重要意义？

在日本人占领协和医院时，作者的何种举措，为日后的考古学研究做出了巨大贡献呢？

进修解剖学对作者的考古学研究有什么重要影响？

二、小小考古学家

同学们，假设你是贾兰坡教授的一名小助手，你跟随贾兰坡教授前往丁村，参与了丁村的挖掘工作。现在，挖掘工作已经完成，请在下面空白处写一篇周记，记录这次挖掘工作的经历以及你从中获得的感想。

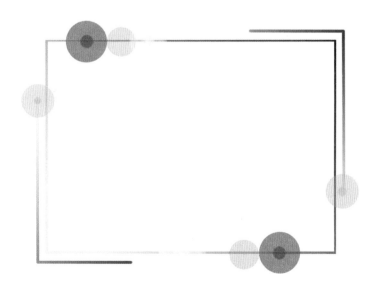

阅读小贴士

　　公王岭蓝田人的发现，再一次在国内、国际上引起了轰动，也为关于"北京人"是否最早的人类的争论画上了圆满的句号。为了寻找新的研究对象，凭着第三方提供的线索，"我"先后和科研人员组成调查队，前往广西探寻"巨猿"，到河西走廊的戈壁滩进行考古工作以及前往东北、内蒙古及各地，探寻细石器起源……

　　这一次次的考察，又将给"我"带来什么收获呢？

广西探洞寻"巨猿"

我们既不会"神机妙算",又没有"特异功能",只能凭着别人给我们提供的线索,去寻找我们需要研究的对象。

以前老百姓没有哺乳动物化石这方面的知识,但你要说"龙骨",大多数人,包括小孩子都知道。当时各地的一些民众把挖"龙骨"作为副业。在西北地区,每年挖出的"龙骨"至少有数十万斤之多。"龙骨"被收购站收购后,再销往中国香港、东南亚地区及世界各国。许多华人都有把"龙骨"当中药吃的习惯。其实"龙骨"就是我们所说的哺乳动物化石。中药中的"龙骨""龙齿"(即哺乳动物的牙齿)完全可以用牡蛎壳代替,但中医大夫们仍喜欢用"龙骨"。

20世纪30年代,德籍荷兰古人类学家孔尼华曾来华,他把在香港和广州中药铺里买到的三颗巨大的猿牙齿给魏敦瑞看,孔尼华将此类猿命名为"巨猿"。巨猿牙齿很大,与现代人的牙齿相比,几乎大四倍。魏敦瑞很吃惊,他看了很久,越看越觉得像人的牙齿。后来两人又把"巨猿"的学名改为"巨人"。这么大的猿原来生存在何处呢?孔尼华认为在华南,因为他是在香港和广州买到其牙齿的。

我们虽然对"巨猿"极感兴趣,但不知道到哪里去找。华南地区太大啦！事有凑巧，我们接到了广西某县一位中学老师的来信，信中说：他们在山洞里刨出了许多化石，希望我们派人去了解，看看是何物。这一下我们有了目标。过去也听说广西的龙骨很多，何不把广西作为突破口呢？一下子我们又兴奋起来。

此时，裴文中已由国家文物局回到我们研究室，因此由他担任队长，我担任副队长，组成了调查队。前往广西调查时，我们研究室差不多是全体出动。我记得参加的人员有黄万波、韩德芬（女）、张森水、王存义、许香亭（女）、乔全芳、乔歧、柴凤歧等人，还有北京大学的吕遵谔和广西博物馆的何乃汉等。

1956年年初，以裴文中先生为首的"巨猿考察队"开赴广西。大家爬山、钻洞。我们的工作得到了自治区政府的大力支持，工作进行得很顺利。一位王厅长也和我们一起钻了许多洞。虽然我们找到了很多哺乳动物化石，但最终的目标——"巨猿"连个影子也没见到。

1956年初春，考查队到了柳州，我们到处爬山、钻洞。在柳州西南12千米的公路旁、白面山的南麓发现了白莲洞。白莲洞洞口高出地面20多米，因洞口正中有一块形似莲花蓓蕾的白色钟乳石而得名。柳州地区的石灰岩的岩溶现象十分壮观，山上溶洞很多，洞内的堆积丰富。当地农民常到洞内挖取"岩泥"做肥料。

我们在洞内被扰乱了的堆积中，发现了很多软体动物壳和少量鹿牙化石。值得一提的是，我们发现了一件扁尖的骨锥和一件粗制的骨针，可惜针身都已残破。另外还有4件石器，它们都是由砾石打击而成，其锋利的刃口可作砍砸之用。经我和邱中郎鉴定，该石器属于旧石器时代晚期。后来，白莲洞受到北京自然博物馆周国兴和柳州市的易光远等先生的重视，他们进行了大规模的发掘，收获很大。在这个洞穴里的不同地层中，他们发现了不同时代的材料，从旧石器时代到新石器时代都有。

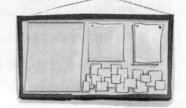

　　除白莲洞外，我们还在柳州市木罗山思多屯的一个山洞内，在因挖"岩泥"而遭毁坏的残余堆积中，发现了螺壳和一件经人工多次打击才从石核上打下来的燧石石片。在柳州西南的柳江县进德乡的一个南北穿通的洞内堆积中，下层找到了剑齿象化石，上层找到了螺壳、介壳层石器。

　　虽然有收获，但我们是来找"巨猿"的，没见到原生层位的"巨猿"化石，也不能算有成果。

　　在南宁，我们跑到供销合作社去看他们收购来的"龙骨"和"龙齿"，在成堆、成麻袋的"龙骨"中，还真见到了"巨猿"的牙齿。"巨猿"的牙齿很好辨认，因为它在猿类牙齿中算是最大的，牙瓷很厚，表面光滑，对着光看还有微红色的闪光，光润耀眼，好像宝石，煞是好看。在成堆、成麻袋的"龙骨"中找到"巨猿"牙齿，使我们像"他乡遇故知"那样高兴。大家都感到广西就是"巨猿"的家乡，我们的估计没错。

　　当问到这些"龙骨"来自何处时，又使我们傻了眼。因为他们把收购来的"龙骨"都堆在了一起，然后装入麻袋运往外地。"巨猿"的线索又没有了，我们很失望。此时，裴文中提议，把现有的人分成两队，一队由他率领到南宁以北的地带寻找；一队由我率领往南宁以南的地区搜寻。

　　在我们往南搜索的小组里，我记得有吕遵谔、何乃汉、王存义、乔歧、柴凤歧等人。我们在南宁时，曾到中药店询问过。据说崇左县[①]境内产"龙骨"，所以我们这一小队就乘火车直奔了崇左，然后再从崇

---

① 崇左县　今广西壮族自治区崇左市。

左往北返回，各处钻洞寻找。

2月初，到了崇左。我们仍到供销合作社先去挑选我们需要的"巨猿"化石，还真找到了好几颗"巨猿"牙齿。我们向他们询问"龙骨"来源，才知道这几颗"巨猿"牙齿并非本地所产，而是来自大新县。我们听不懂当地话。幸亏崇左县政府派了一名干部协助我们工作，又有何乃汉先生，通过他们两人的翻译，我们才弄清楚"巨猿"的产地。

由崇左到大新，通车的地方乘汽车，不通车的地方我们就靠两条腿。步行时，行李带得很多，成了我们的累赘。每天爬山、钻洞、行路、找住所，整理行装是很大的麻烦事。当时的条件没法和今天相比。不过，在当地找个挑担子的人帮助挑东西倒很容易。那时在城里还能经常看到手拄着扁担找活儿干的人，而且大多是妇女。

2月9日，我们到了大新县政府所在地——新和街。县政府很快为我们安置好了住所。我们迫不及待地又找到收购站。从这个收购站里不但找到了不少"巨猿"牙齿，最可喜的是我们知道了这些化石的产地——榄圩区正隆乡那隆屯。目标缩小到一个村，大家当然很高兴，深信"巨猿"的出处很快就会弄个水落石出。

2月15日，我们到了那隆屯。虽然路不算远，但因下着小雨，又是步行，所以傍晚才到达。屯子坐落在一个四周环山的山谷里，周围有牛睡山、乌猿山、谢山、尾塘山。屯子不大，只有70多户人家。村民看上去非常朴实。

第二天，虽然仍在下雨，我们还是拿着从大新供销合作社买来的"巨猿"牙齿，挨门挨户地向村民们询问。当我们走进一位老大娘的家门时，还没来得及寒暄，一个小男孩就拿出了一个装有"龙骨"的筐箩给我们看。啊，在这个筐箩里就有"巨猿"的牙齿。当我们把它拿在手里，激动得手都有点儿发抖。我们的心血没白费，多日的追踪，总算有了眉目。小男孩是老大娘的孙子，有十来岁。我问他这些东西

是从哪里弄来的，他用手往屋后一指："就在那个山头上。"

午饭过后，雨稍小了点儿，但仍淅淅沥沥地下着。我们登上了小男孩所指的那座山。这山当地人称为岜①磨弄山（汉语为牛睡山），山上的洞穴名为黑洞。山很陡峭，洞口离地有100米左右，从山下看得清清楚楚。

我们拽着树棵儿，费了很大劲才爬到洞口。洞不深，总长20多米，从洞口往里是一条窄道，走到尽头才开扩成室。含化石的堆积，在尽头还保留了一部分，其余的都被村民挖光了。我和吕遵谔凭着一个皮尺、一个指北针和一根竹竿，一边测量，一边绘制平面图和洞的轮廓图。其余的人进行发掘。

洞中的堆积可分为两层，上层为石笋胶结的黄色硬堆积；下层为不很胶结的蒜瓣状的红色黏土。就在下层的上部分，我们发现了"巨猿"的牙齿。这是我们长途跋涉，经过了40天的努力，亲手从原生堆积中找到的"巨猿"材料。我们找到了"巨猿"的"家"。

找到了"巨猿"化石，大家也暂时忘却了苦和累。累不必说了，若说苦，那还真苦。屯子里缺少饮水，人和牲口都吃一个坑里的水。把水烧开了也觉得咸涩难咽。可是当地群众不就是这样生活嘛。再说耗子到处都是，特别是夜里到处乱窜，睡觉时，耗子在身上跑来跑去。有时用手巾包裹好准备第二天外出时带的干粮，早起一看没了。都是该死的耗子给拉走了，我们每个人都气鼓鼓的没有办法。再有就是这里的毒蛇很多，我们外出都结伴而行。一手拿着手电筒，一手拿着木棍，边走边划拉草，为的是"打草惊蛇"。夜里连外出小解，都叫个同伴。起夜太勤的人则觉得困难。而我们就是在这样的环境下工作了一段时间，才返回南宁。回南宁前，我们给裴文中拍了电报，又写了一

①岜（bā）用于地名，岜山。

封信，把我们的发现经过说了，促使他们那个队的人努力。

裴文中带领的北队也获得了丰收。柳城县长曹乡新社中村的农民覃秀怀，在一个山洞里挖岩泥时，挖出了许多"龙骨"，引起了洛满人民银行韦耀社的注意。他认为这些"龙骨"很有科学研究价值，要覃秀怀把这些东西捐献给政府。

这些材料被送到了南宁广西博物馆。广西壮族自治区文化局将标本交给了裴文中。这是一个"巨猿"的下颌骨。裴文中在广西壮族自治区文化局、柳州市文化局和柳城县文教科的帮助下，找到了覃秀怀。在他的指引下，在柳城县长曹乡新社中村往南约500米的楞寨山上，找到了发现"巨猿"下颌骨的山洞——硝岩洞。此后，裴文中先生再次到广西，带领柴凤歧等人继续发掘，从中又发现了2个下颌骨和若干个牙齿。这些材料经吴汝康先生研究，仍用孔尼华定的学名——"巨猿"。从齿面上看，它具有很多人的性质，我认为魏敦瑞和孔尼华把它改为"巨人"的意见也应考虑。

这次广西之行，可以说成绩斐然。

河 西 之 行

　　我首次到甘肃河西走廊的戈壁滩去考古是在1948年，至今事隔近50年，那时的条件之差，远非今日可以想象。

　　1947年，裴文中先生到甘肃和青海考察。裴文中认为东西方文化的交流，那一带是必经之路，历史上如此，史前也不能例外。这一观点得到了中国地质调查所所长李春昱、北平分所所长高平、西北分所所长王曰伦等人的支持。

　　1948年，在一位不愿意透露姓名的人的资助下，我们成立了"河西考古队"。裴文中任队长，我和西北分所的米泰恒分别任发掘组和调查组组长。北平分所的刘宪亭也参加了。裴文中先行了几天，我和刘宪亭是乘军用飞机后赶到兰州的。坐这种飞机，真要有点儿本事。因为飞机不密封，座位又是帆布兜，飞到空中，氧气一少，人难受得很。每到一站，我们都躺在地上大口大口地喘气，得机会休息一下，恨不能在地上把氧吸足再起飞。一旦上了天，又开始难受。就这样我们熬到了兰州。

　　这个考古队，除了我们地质部门4个人外，还有兰州大学武律和西北师范学院的孔宪武、刘天民等教授同行。他们是为考察地理和植物去的。虽然工作内容不同，但表面上仍是一个综合性质的考察团。由于老地质调查所所长翁文灏的关系，我们到了兰州后，得到了张治中将军的支持，他为我们派了军用卡车和司机。所到各地都得到军方照顾，并配有马匹供我们骑用。

7月16日，我们从兰州出发。此次考察，预先没有规定路线，只是沿甘新公路一直西行，随时搜索古人类留下的遗迹。每到一处，除向当地村民了解情况外，就是无目的地到处跑，不想还有了游览"黑水国"的机会。

"黑水国"在张掖县城西15千米。据当地人说，"黑水国"就是《西游记》中的女儿国。甘新公路横穿"黑水国"中心，但大部分黑水国"国土"分布在黑水河西岸。黑水河又名弱水，源于青海北部。这条河是有名的河西走廊的一条大沟。沿河一带有许多绿洲，河流两岸盛产大米，闻名于河西一带。虽然我们一点儿也看不到《西游记》中的"女儿国"的蛛丝马迹，但这里确实比较繁荣。

到了黑水桥畔，我们兵分两路，一队由裴文中和米泰恒率领沿公路之南考察，我和刘宪亭等人沿公路之北随走随搜索。我们翻过了十余座沙丘，在一座沙丘的背后发现了一个台地。台地土呈红色，上面到处是砖头和陶片。砖有黑、红两种，黑色的硬如岩石，敲击如磬。今日的砖远不能与之相比，它有点儿像民勤县（在张掖县以北）的"铁砖"。陶片呈深灰色，从花纹及式样上看似汉代遗物。往北百余米碎砖很多，有的堆在一起，像坍塌的建筑物。再往北200多米，砖头越来越少，像是遗址的边界。

忽然我们听到米泰恒"嘿嘿"的喊声，知道他们那边也有了发现。我们跑过去一看，也是砖头和陶片，和我们发现的没什么两样。

裴先生俯着身子捡拾着东西，米泰恒拿出了带绳纹的陶片和一片残石刀给我们看。看到这些汉代或汉代之前的遗物，我们也产生了兴趣。

从公路往南约半里路，碎砖极少，而整砖很多，都是黑色的，表面被风吹得很光滑，有如水磨的一样，棱角的地方都发亮。砖的大小与现在的砖差不多，只稍厚一点儿，且砖的一端有一个圆形凸起，另一端是一个凹坑，无疑这是砖的榫口。虽然我们对这些遗物也感兴趣，但那不是我们考察的目标，我们只做了详细记载。

再往南50米，有一堆细沙，它的周围除了碎砖和陶片外，还掺杂着"打击石器"。"打击石器"是用沙岩制作的，虽然制造简单，但第二步加工（即把一块从石核上打击下来的石片，经过再加工打击修理成适手的工具）很清楚。毫无疑问，这是人工制造的石器，但时代很晚。这类的石器在这里分布很广，其中还有1件磨光钻孔的石片。

距黑水桥西南约2千米的地方，有一个废城址。孔宪武先生曾去过，所以他一说，我们大家都有兴趣前往一游。下午3时，大家穿过公路往西南行走。一路上遍地是荒沙，星星点点生长着一些蓼①科植物。在细沙上行走如脚踏海绵。离开黑水桥500米，砖头、陶片逐渐减少，这证明汉代前的遗址是以黑水河以南300米为其中心地带，分布的范围也在200米之内。绕过一座较大的沙丘，就看见了废城址。城的周围已被沙子埋没，尤以西北两面最为厉害。我们从城的西北角的沙堆上爬进城去，这里的城墙保存尚好，仍可以看出它的原貌。城内，砖头、瓦片到处皆是，其中还有黑黝黝的瓷片，证明这是唐代以后的建筑。城只有东门，砖砌的城瓮已被风吹成长短不齐的锯齿状。城址呈方形，南北长约240米。城内房屋建筑虽不存在了，但可以看出南北、东西的街道仍保存得很好。据说，修建公路时用的砖就是从这里取材的。

8月1日，我们一行到了酒泉②。调查地理的人要去金塔县鸳鸯池走

---

① 蓼（liǎo）　一年生或多年生草本植物，叶子互生，花多为淡红色或白色，结瘦果。

② 酒泉　今甘肃省酒泉市。

220

一趟。鸳鸯池水库，在当时的中国算是最大的水利工程之一。从酒泉到金塔县有一条比较大的河，名为临水，又叫大北河。大北河发源于祁连山，经酒泉、金塔县到鼎新县城①西与弱水汇合流入居延海。我们也想调查这一带有没有史前人类的足迹和居住过的遗迹，所以也同他们一同前往。

酒泉古时名叫肃州。据《酒泉县要览》记载，酒泉古为雍州之域，周衰沦戎狄，秦为月氏国，汉武帝元狩二年开河西置酒泉郡以通西域。

"酒泉"地名之由来，是因城东郊约500米有一眼泉水。泉虽不大，但清澈见底，水质甘甜。当地传说，古代有位官吏到此驻边，一天将皇家慰劳的好酒数坛倾倒泉中，叫人随心饮用，以示与民共享之意。后来人们把这眼泉水叫作酒泉。今天，这眼泉水的周围，种花移木，修亭筑阁，经多次改建，已成为"金湖公园"，成了一个消夏胜地。

有名的老君庙油矿在酒泉之西84千米，油矿上的8000多名员工的日用品，大部分依赖酒泉供应。石油公司在酒泉设有办事处，所以酒泉也日渐繁荣。比起"金张掖""银武威"要繁华多了。但酒泉的饭馆

---

① 鼎新县城　今四川省自贡市鼎新镇。

50年前远不如武威，价贵而且很脏。当时的齐鲁菜社和金陵菜社在当地很有名声，每盘菜里吃出几只苍蝇是很不以为奇的事。

金塔县，因附近有个金塔寺而得名，1914年改称此名。县城很小，每边不足半里路。土质的城墙有两米厚。县的北方有个叫遮虏障的地方，据说是李陵和单于决战的地点。我们在那里没有找到什么遗迹和遗物。

从酒泉西行25千米就是嘉峪关①。这一地带南北两山相距很近，形成了一条极窄的狭地，地势险要，是进入新疆的咽喉。狭地南达红山祁连，北依黑山牌楼，关居中央。因关北的平冈有嘉峪山，故称嘉峪关。它建于明洪武五年，是边防要地。

我们这支考察队于8月5日由酒泉前往老君庙，得到了游览所谓"雄关巍峨，金汤可守"的嘉峪关的机会。由公路到关前，有一片湿草地，汽车不能再开，我们只得踏着地埂步行了。关的东门分内外两门，外门名朝宗，内门名光化。两门均被保长锁闭，不能入内。我们中的一个人从门的下缝中爬到里面，又用挖化石的钢钎把门撬开而入。这也是不得已的办法。参观完毕，又从原路退出，顺着城南墙绕到西门。此门才是关的主门，门上题着"嘉峪关"三字，只是城楼于民国前3年毁于兵乱。

随后，我们考古队从嘉峪关西行，经玉门、安西到敦煌。在安西遇到了一场大风，刮得昏天暗日。当地形容大风有"每年只刮一次风——由大年初一刮到大年三十"之说。我们沿路随走随调查，8月11日才到达被世人称之为艺术殿堂的敦煌。

----

① 嘉峪关　明代长城西端关口。位于甘肃省嘉峪关市西。始建于洪武五年（1372）。依山而筑，居高凭险，为东西交通要冲，有"天下雄关"之称。古代为军事要地。是现存长城关城中保存最完整的一处。

敦煌是通往拉萨、蒙古和南西伯利亚的道路的枢纽，位于元代客卿马可·波罗称谓的"丝绸之路"上。五代西凉国初建在此。现在敦煌市内各街巷，都以县为名，如河西县、狄道县等，这是因为战乱敦煌被毁之后，居民逃亡各地，战后又由各县迁回，街道就以他们原先居住的县名做了街名。

南疆公路起于安西，经敦煌，沿着阿尔金山北侧，一直通到南疆。由安西到敦煌有119千米，中途有4个站，每个站有个窝铺，是旅客休息的场所。所谓窝铺，就是一间小房和一口苦水井。除此之外，是一眼望不到头的沙漠，连树都少见。未建公路前，这里的交通只能依赖畜力或步行。

我们到了敦煌，把南湖附近的工作完成后，于14日午后沿公路往回返，行至109号里程碑处转入文化路，往南行驶10千米就到了莫高窟。我们来这里是查看玉门系砾石（即通常所说的鹅卵石）地层的。

莫高窟位于敦煌东南17千米。在三危山和鸣沙山之间，有一玉门系砾石岩悬崖。石窟即开凿于悬崖之上。在自南而北长达160多米的悬崖上，皆凿有石窟，栉比相连，远远看去就像蜂巢一样。

据武周李氏重修的功德碑所载："石窟始建于前秦建元二年，有沙门乐傅戒行，清灵机心恬静，尝杖野行，至此山忽见金光千状有千佛，造窟一龛[①]……"此后历经北魏、西魏、隋、唐、五代、宋、元各代增建，经过1545年的悠久历史，才造就了这个伟大灿烂的石窟文化。石窟有大有小，小者数尺，大者数十丈。当时敦煌艺术研究所已清理出石窟400多座，未清理出来仍埋于沙中的还不知有多少。

千佛洞口皆朝东。洞前有条河，因雨水少，河水已干。河床与悬崖之间，有条小溪蜿蜒北流。溪的两旁，经王道士种的杨树已经成林。

---

① 龛〔kān〕 供奉神佛的小阁子。

抵达莫高窟的第二天，我们就造访了敦煌艺术研究所。小溪与河床之间有上、中、下三个寺院，中寺原名雷音禅林，清乾隆三十七年修建，现已成了敦煌艺术研究所。适逢所长常书鸿先生有事去了北京，接待我们的是常所长的夫人李承仙女士和段文杰、孙儒涧两位先生。在段、孙两位先生的指引下，我们先后参观了北魏和西魏、隋、唐、宋、元等几个洞。洞很多，不论大小都有编号，并注明年代。编号有两种：一种是以前张大千先生编制的；一种是艺术研究所自己编制的。我认为各洞应以唐代之作最好。第096号洞最大，中间塑着释迦坐像，在所有塑像中它是最大的，极为庄严，可惜经后人重修，已失去了原来的色调。这是在玉门系砾石的峭壁上，先雕刻出像的雏形，外部再施以泥塑。洞口外，建有九层高楼，楼上的匾额题有"莫大乎是"四字。据重修千佛洞九层楼碑记载："佛身高十八丈，五代及元皆有营建。民国二十五年又重修。"

告别了千佛洞，我们乘卡车到玉门关绕了一圈，来到了敦煌城西的戈壁地带。一位老人告诉我们，此地就是唐代人李华所写的《吊古战场文》所描写的古战场。看到遍地沙砾，真好像看到了昔日战场厮杀的情形。我心中默背着《吊古战场文》："浩浩乎平沙无垠，夐①不见人。河水萦带，群山纠纷。黯兮惨悴，风悲日曛②。蓬断草枯，凛若霜晨。鸟飞不下，兽铤亡群，亭长告余曰：'此古战场也。'……"

此行考察，虽在古人类和史前方面无重大收获，但旅游了一番，增加了很多知识。一些知识书本上能学到，但没有亲身经历，是体会不深的；不亲眼看到莫高窟千佛洞，感受不到祖国的文化是多么灿烂辉煌！

---

① 夐（xiòng） 远；辽阔。

② 曛（xūn） 指日落时的余光。此处意为昏黑；暮。

寻找细石器的起源

　　远古人类以石击石的方法打制出的石器主要分为两大类：一种是小型的，一种是大型的。当然一些遗址中两类同时共存的现象也不少，这是人类在当时特定的生活环境下形成的。

　　过去就有人说过，细小的石器是在草原上生活的人类使用的，这种推论是可能的。在我国，特别是在北部，细石器很普遍，东北、华北、西北广大地区均有分布。在四川也有分布，四川省文物管理委员会主任、古人类学家秦学圣先生曾陪我到雅安一带考察过。此处石核的类型以船形、锥形（或称铅笔头形）、柱形、楔形为主。

　　从中国往东，在日本、韩国、东西伯利亚和北美洲也都有相同或类似的细石器发现。特别是晚期的石器，连类型和打制的方法都基本一致。例如以"船形石核""锥形石核"（或称铅笔头形石核）、"楔形石核"为代表的类型群，在辽宁、吉林、黑龙江、内蒙古、宁夏、山西、陕西、甘肃、新疆等省和自治区都有所发现，往西分布到喀什。石器虽有大小之分，但类型和打制的方法是一致的。

　　细石器到底起源于什么地区？又是怎样随着人类活动分布到各处的呢？我的想法是，在数万年到1万年前最后一次冰期的时候（据现在的研究结果，时间还要提前），下降的雨水凝结成冰雪，不能复归于海。又据冰川学家研究的结果表明，在冰期高峰时，海面可以下降100多米，使隔海地带变为通途。人类在这个时期到达各地的可能性很大。

早在20世纪30年代，德日进神父根据我国新疆、蒙古共和国和阿拉斯加均有同样类型的石器发现的情况，认为这一类型的细石器是从中国分布到北美去的。大小石器不能混为一谈，小石器在使用上不能替代大石器，同样大石器也不能替代小石器。

为了研究旧石器的传统，我自20世纪70年代中期之前，就在东北、内蒙古及各地到处奔波，对细石器尤为注意。对上述这些类型的细石器的起源地，有的外国学者认为是贝加尔湖，有的学者认为是中国。自从我详细观察了"北京人"的石器之后，认为细石器起源于我国的华北。因为在含"北京人"的化石层里，特别是在上部发现过许多小石器，有的小石器小到只有两三克重。虽然早期的细小石器和晚期的细石器在打制技术和类型上完全不同，但在其细小上则是一致的。随着时代的前进，生活环境的改变，打制出的石器当然有所改变和演化，这也是历史的必然。

我在东北、华北、西北各地不止一次地调查，走得最多的是内蒙古和黑龙江。现在回忆起来，仍然勾起我许多怀念。我到过的地方很多，但去过后忘记的也很多。有很多有趣的事和一些发现，时间一久，因想不起去的准确时间及一同前往的人员，就只好弃之不写了。1997年6月1日，是杨钟健先生诞辰100周年纪念日，他的许多亲朋好友、同事或学生都来我们研究所参加他的纪念活动。我当年的进修生，现甘肃省文物考古研究所所长谢骏义先生也出席了。他来看望我时，提到了我们一起做长途调查的情况，又引起了我的回忆。

那是1974年7月下旬，我和谢骏义、卫奇两位先生，为了寻找旧石器，特别是想搞明白细石器的分布，到内蒙古、雁北、宁夏、甘肃等地做了一次长途旅行。我们是这年7月30日从北京乘火车出发的。沿途的火车都脏乱不堪。我本来可以坐软卧的，但买不到票，只好作罢。软卧车厢挂得靠后，列车员也是有了乘客现开门现打扫。当时吃饭成问题。车进了站，虽说站台上有卖东西的，但也都是一抢而光。

火车走一夜，次日便到了呼和浩特。接待我们的是内蒙古自治区博物馆人员。当我们参观博物馆时，看见陈列柜里有一个石针，它引起了我们的兴趣。我请博物馆的陪同人员把它拿出来仔细观察。这枚石针呈黑色，有如火柴棍大小，上方下圆，针尖锋利，石质不硬。据博物馆的同行介绍，它出自新石器时代遗址。我看了后认为是新石器时代的人作为针砭治病用的石针。

回到北京后，我和一位老医生谈了这件石针，他非常兴奋，立即叫我给他写了封介绍信，急急火火地去了呼和浩特内蒙古自治区博物馆。看后，老医生非常同意我的看法，也认为此石针是做针砭用的。如果我的推断得到证实，中国早在七八千年前的新石器时代就有了石针针刺治病，石针是医学史上不可多得的宝贵证据。那位老医生临走时，还要求接待他的博物馆汪宇平先生给他做个石膏模型，结果失败了，不过汪先生还是用木料为他复制了一根。他回到北京后拿复制的石针给我看，我看其大小形状都同原来的那根很相近，也是黑色的，

只不过外表光亮一些。这些都是后话了。

我们到内蒙古的时候，肉还是定量供应的。汪宇平非要我们去他家吃饭不可，说是请我们吃粉条子炖猪肉，他说借我们的光，也一起解解馋。他哪儿弄来的肉呢？饭桌上，他吐露了实情。原来他向上级打了报告，说是从北京来了"贵客"，上级特批了10斤猪肉。

我们这次在内蒙古活动大约有一个月，内蒙古博物馆葛静微副馆长等亲自接待了我们。首先，汪宇平先生领着我们参观呼和浩特东郊新发现的大窑遗址。这是一处石器制造场，在红色沙层里石器和石片很多，几乎满山头都有石器和石片分布。看来很早以前——距今约二三十万年，就有人类在此制造石器了。据村中的老人跟我们说，直到最近还有人在这一带开采火石出售。

这个遗址的发现也是很偶然的。汪宇平先生原是报界人士，自从调到博物馆后，对旧石器发生了浓厚兴趣，潜心钻研。有一次他得知大窑村发现了窖藏的古瓷器，就到那里为博物馆去收购。在老乡家里吃完晚饭后，他从衣兜里掏出一块石片，问老乡这里有没有这东西。老乡说，这里有的是，就在离这里不远的山坡上。结果这个遗址就这么被发现了。这个遗址应该很好地进行保护，发掘时也应该按照不同时代的地层发掘，切不可混淆在一起。这对以后的研究非常有益。

随后，汪宇平、李荣和其他三位先生加上我们三人分乘两辆吉普

车从呼和浩特出发，到四子王旗、二连浩特（以下简称"二连"）、集宁等地考察。在包头我们看到了两个旧石器地点。两个地点都位于两个小山包上，相距不远。这两个地点出土的虽然都是细石器，但仍属于数万年前的旧石器地点。

从包头北行到了百灵庙。参观了百灵庙后，在招待所小住了一夜，往西前往白云鄂博，沿途考察石器地点，在白云鄂博以北我们发现了一处细石器地点。从白云鄂博往东行又到了苏尼特右旗，沿途都有发现。在脑木根①这个地方还发现了相当古老的哺乳动物牙齿化石。

从脑木根去二连，我们的汽车沿着中蒙边界行走。中蒙边界当时有一条10米宽的界线，年头久了，已辨别不清。中途遇不到人家，司机不时地停下车来观察方向，唯恐超越了国界，跑错了方向。大家都提心吊胆，到了二连后才放下心来。

这次旅行考察，可以说出了包头不久，便进了戈壁地带。所谓戈壁，就是到处都是苹果大小的砾石加粗沙，一眼望不到边。地面缺水，植物稀少，当然也很少见到人烟。我们在出行前准备了好几天，最主要的是要带好修理工具和充足的饮水。为了相互照应，还必须有两辆吉普车同行。途中偶尔能遇到帐篷，它们都支在有一点儿荒疏的草的地方。遇见这样的帐篷，只要你在外面问一声好，就可以走进去，盘腿在地毯或毡子上一坐，就会受到主人很好的招待。奶茶是少不了的。帐篷里总烧着水，女主人马上会擦一擦碗，抓上一把炒过的糜子粒，倒上煮好的砖茶，放在客人的面前。几碗入肚，茶中的糜子粒也吃光了。我喝他们的奶茶不喜欢放盐，也不用筷子，喝到最后，碗中的剩米粒用舌头舔几下就吃得干干净净。

二连在中蒙边界上，虽然城市不大，但相当有名。从北京直达莫

---

① 脑木根　现称脑穆根。

斯科的火车，在这里要进行边境检查，火车也要换成宽轨的苏联列车。城里只有一条不长的街道，东西走向。中间靠北侧有一条不长的街，街的北头就是中蒙边防站。

在二连宾馆居住，我们和当地驻军建立了联系。记得有一天他们邀我们一起外出猎黄羊。大家乘的都是吉普车，他们在前，我们这些人因不会放枪便殿后。他们在前边打，我们在后边捡，拾到打死的黄羊就扔到车上。我们的司机看到有的车猛追逃跑的黄羊，直到把黄羊追得累死才罢休，也兴致大发，跟着追了起来。虽然累死了几只黄羊，但我们也漏拾了很多只被打死的黄羊。

在这里野生的黄羊很多，一群一群的，有的一群达几百只，甚至上千只。它们常和家羊争夺有限的草地，所以群众很希望消灭它们。

这些黄羊与山羊很相似，但腿长得多。我在放牧的羊群里，有时看到掺杂的黄羊。看来这种野黄羊也并非不能驯养，只是当地人不喜欢吃黄羊而喜欢吃家羊，因此黄羊只能被作为狩猎对象罢了。

就在这一天我们吃了一次烧整羊。主人请我们就座后，四个人把一只烧烤好的整羊放在一个大木盘

里，抬上桌来，羊头向前伸着，四条腿卧在身下。我们每人面前放了一把刀。烧羊味很香，但没人动手。后来有人在我耳边说了几句，我才明白。我是主客，按当地风俗，我必须先在羊身上拉一刀，大家才能动手。

我拿起刀子在羊身上划了一刀后，大家七手八脚地动起手来。只见主人拉下一大块尾巴油给我吃，这实在难为我了。后来同行者说情，我才吃了一小条。这时大家开怀畅饮，大口吃肉。我虽然还能喝上二两酒，但遇见这种场面，也只好说自己有心脏病，不能饮酒。否则只要一小杯下肚，就会叫你换大杯，直到醉倒为止，不醉不够朋友。他们对客人真是十分热情，但也叫我们有点儿发怵。

我们并没有忘记这次旅行的目的，在二连也探查了一些石器和哺乳动物化石地点。

完成了对二连的考察，我们又南下经苏尼特右旗到达集宁市①。在集宁我们停留的日子较多，因为在集宁的南郊以前就有人发现过一处细石器地点，我们也曾到那里进行过发掘，这次还想在附近查看一番。我们在集宁市发现这里的领导和群众对古代遗迹非常感兴趣。他们认为古代人类曾在他们这里居住过是很荣幸的事。他们要求我们在集宁市的剧院礼堂给大家讲一次课，参加的人数还很多。

在集宁考察，我们不但要走很多路，还要随时查看地面，所以要低着头走路。有时回到住所感到很劳累。有一天，跑了很多路，回到住所后已经很疲劳，但我还想到一家点心铺去看看有什么当地的风味糕点。陪同我们一起调查的一位集宁市工作人员对我说："我们这里做的点心比砖头还硬，牙齿好的恐怕也咬不动。"我说："你们给他们调换一下工作不就成了吗？""怎么换？""把做点心的让他去烧砖，把

----

① 集宁市　今内蒙古自治区乌兰察布市集宁区。

烧砖的调来做点心不就成了吗？"大家听后都大笑起来，也不觉得累了。

　　我们这些在野外工作的人，常常说笑话，这样对消除疲劳很起作用。20世纪30年代时，我们的笑话很多，有心的人真可以搜集起来写一本《笑话小集》。有关卞美年先生的笑料就不少，可惜年代久远遗忘了很多。我记得有人写过一首打油诗："好女不嫁地质郎，一年半载守空房，外出打扮像公子，回来虱子爬满床。"这也从侧面描写出了我们地质工作者的生活。

　　9月1日，我们返回呼和浩特市。在集宁市时，卫奇先生就告诉我，大同市以东的阳高县许家窑和与之交界的河北省阳原县的侯家窑村，有的农民在那一带挖"龙骨"，由于砸死了人而被禁止了。地层里发现了很多石器。我认为这个消息很重要，决定立即到那一带走一趟，做个调查。

　　我们到达呼和浩特后，没过多地停留，即到大同市，在雁北地区①文物工作站负责人、考古学家张畅耕先生的陪同下，前往雁北地区考察。考察进行了十多天，除在左云县境内考察石器地点外，也顺便参观了大同市的云冈石窟、大同九龙壁、上下华严寺等古迹。接着又考察了山阴县的鹅毛口新石器时代石器制造场，看到了石锄等农具。这些石器证明了当时已有农业出现。

　　在朔县②我们考察了28000年前的石器地点。这一地点的石器类型很多，已与后来的细石器有所接近。我们还前往应县参观了久负盛名的应县木塔。最后到了我们非常想看的位于山西省阳高县古城乡的许

---

① 雁北地区　原指山西省内雁门关以北的地区。1993年7月10日，这一行政区
　　划被撤销，原雁北地区所辖的县区划归山西省大同市、山西省朔州市管辖。
② 朔县　今山西省朔州市。

家窑村。我们在村东南约1千米的一处断崖上，看到遍地是哺乳动物化石碎块，地面上的石器也很多。我当时就断定这是一处非常值得发掘的地方。

在这个地点，我们于1976年春、1977年秋和1979年进行过三次发掘，发现了大量的细小石器和人骨化石及哺乳动物化石。石器制品非常精致，我们还以为是数万年前的人类制造的。后来发现了人类化石，因其具有许多原始性质，所以时代提到了10万年前。这个地点定为"许家窑遗址"。

考察时卫奇发现，当地的妇女的门齿外面多有圆形的凹坑，他认为是饮水中含氟量太高所致。在这里发现的头骨骨片化石，我也观察到它们与正常人的头骨不同，有异断面的内外骨板相夹的骨质呈棕孔状，并非像正常人呈海绵状。这与陕西公王岭发现的蓝田猿人头骨的断面十分相似。此种现象是因饮水含氟量高所致还是一种病态，我没搞清楚，因为我不是病理学家。如果有人去研究它的病因，在病史上也是很不得了的事情。所以我认为研究古人类学，必须进行综合研究才能得到突出的效果，就是由于它包括的面很广。

1974年9月中旬，我和谢骏义、卫奇两位先生从大同乘火车到达了宁夏回族自治区的银川市。接待我们的是自治区文化厅文物处处长、博物馆的钟侃先生。在宁夏我们首先考察了贺兰县两处细石器地点和一处新石器地点。值得一提的是我们参观考察了仰慕已久的水洞沟旧石器时代遗址。

水洞沟遗址是1923年法国天主教耶稣会神父桑志华（Emile Licent，1876—1952）和德日进发现的。德日进1923年第二次来华，当年即和桑志华从北京乘火车到达包头，然后步行加骑驴到银川。从银川往东南，他们渡过黄河，在离黄河东岸不远处发现了水洞沟的遗址。在这个遗址的黄红色的土层里，他们发现了不少石器。再之后他们东行，在内蒙古自治区萨拉乌苏河附近又发现了萨拉乌苏遗址。水洞沟遗址的石器是大型的，萨拉乌苏遗址的石器是小型的，有的细小石器其重量不足1克。

水洞沟遗址在灵武县境内，我们在那里活动了两天又返回银川。当时，银川考古部门正在发掘西夏①王朝帝王陵，我们前往参观。只是寝陵既大又深，我没下去参观里面的陪葬物品。

我记得袁复礼先生曾经送给我们研究所一批用红色燧石打制的细石器。那是他参加西北科学考察团时发现的，石器上注的出产地叫"银更"。裴文中和我曾到清华大学问过袁复礼先生"银更"在什么地方，但他说记不清了，印象中是沙漠地。我们在这次考察中，边走边打听"银更"这一地方。据当地人说，叫"银更"的地方很多，"银更"是蒙语，为"石磨"的意思。在银川时，我们听说附近确实有个地方叫"银更"，不过乘汽车需要三天的时间才能回来，我们只好放弃了此行。

9月下旬，我们三人从银川乘火车到达了兰州，下榻在兰州饭店。在省博物馆馆长吴恰如先生的陪同下，我们在甘肃省境内考察了20多天。

国庆节前，我们从兰州乘汽车去了武威地区，先到民勤县红崖山水库附近，考察新发现的象化石地点，而后到永昌县的河西堡，考察鸳鸯池五六千年前的属于马厂文化（青海省民和县马厂塬遗址，曾出

---

① 西夏　我国古代少数民族党项族拓跋氏于1038年建立大夏王国，宋人名之为西夏。共传十主。最盛时，据有今宁夏、陕西北部、甘肃西北部、青海东北部和内蒙古西部一带。1227年为元所灭。

土了大量四五千年以前的彩陶，属新石器时代晚期）的墓地。

我还记得，在1948年，我曾随裴文中先生和刘宪亭先生等前往民勤境内进行过考古调查。那时当地的百姓缺吃少穿，生活非常贫苦，我们考察有时坐的是马拉的大轱辘车，车轱辘很大但不圆，在沙漠地里走起来咕咚咕咚的。现在再次到那里，情况完全不同了，一色的柏油路面，路的两侧是高大的杨树，水库中的水非常清亮，微波荡起，泛起片片粼光，真是远非昔日可比。

我们这次到鸳鸯池考察，是因为这里发现了镶嵌在骨柄上的小石片。这一消息是在这次长途旅行前，甘肃省文物局局长王毅先生到北京来告诉我的，这引起了我极大的兴趣。我立即请王毅先生往当地发电报："务必使这个发现物保持原样，连小石片也不要卸下来。"这次到了甘肃，当然不能放过目睹的机会。

1997年6月初，谢骏义来我家时，我们又谈到了鸳鸯池的这个发现物。他说是石刀，我记忆中是把镶嵌石片的短剑。因为从形状上看它和剑十分相似，骨制的剑身一端很尖利，中间还有直竖隆脊，在尖端和两侧有挖制的沟槽，沟槽中镶有连接的薄而直的细石叶。这种细石叶在细石器遗址里常能见到，但大多未引起人们重视。最受重视的是各种类型的石核。其实使用的是由石核打击下来的小石片（或称之小石叶）。

小石叶从石核上打击下来时，石片有向内面弯曲的弧面。当把小石片的两端掰去，剩下中间的一段，看上去就很直。再把两端很平的细石叶彼此衔接起来就是很好的很直的刃，而且可以随意衔接长短。如果我的记忆无误，我认为，在目前来说，它是世界上最早的剑。后来的铜剑无疑是由它演化而来的。

工作告一段落，我们返回兰州。国庆过后，我们又由兰州经平凉去了陇东。去陇东的目的是到庆阳城北三里铺访问当地的老农民和天主教老修女，想从当年给桑志华挖掘化石的老人那里，了解一下当时挖掘的情况和地点；从当时在桑志华神父管辖下的修女那里，了解当时桑志华工作的情况。因为年代久了，如果不加记载，就会丢失这一段历史。桑志华于1920年在这一带发现了许多哺乳动物化石和石器，石器距今已有数万年的历史。石器地点有两处，均在黄土中部、底部，这在中国是首次发现。现在他采集的化石绝大部分还保存在天津北疆博物馆，即现在的天津自然博物馆里。

最后我们在王毅先生的陪同下，南下到天水的麦积山。我们调查了天水地区的化石地点，并做了此次旅行的工作总结。10月内我们完成了一切工作，我和卫奇先生由兰州登上了返回北京的列车。

我以66岁之身参加这次长途旅行考察，为能为本门学科奋斗不息而感到满意。前人曾教导我，搞好这门学科要"三勤"，即"口勤、手勤、脚勤"。前人的教导虽然只有六个字，我却深刻地感受到它对我的成长和成才带来了莫大的教益。研究古人类学、旧石器考古学及古生物学和搞地质学一样，如果不亲自去跑、去看、去找，只仰仗向别人要点儿材料做研究，是永远也不会成功的。

从死神身边逃脱

　　在我的一生中，曾几次被死神攥在手里，又几次逃脱。

　　1975年7月至8月间，我和人类学家张振标先生由魏正一、于凤阁等先生陪同，到黑龙江考察。我们先乘火车从哈尔滨到牡丹江，之后改乘吉普车南行，准备前往镜泊湖东岸一带。我与张振标先生坐的一辆车，走在前边。在离宁安县城^①不远的地方，忽然吉普车机器盖冒了烟，司机当即停车打开前盖。只见一下喷出很高的火苗。他一边大声喊叫"你们快跑，跑得越远越好"，一边脱下衣服抽打。我们并没跑，我叫张振标先生到公路旁的水沟里抠出连水带草的泥，递给我。我往火苗上拽^②。火被扑灭了，可吓出了我们每人一身冷汗。过后回想这事，我觉得司机用衣服拍打还真不如我们用泥拽好。

　　等后边的那辆车到了，我们坐上赶到镜泊湖招待所已是下午了。这个招待所是为苏联专家建立的，并不对外。我住的那间房，我们科学院的老院长郭沫若曾经住过。房间里还摆放着笔墨纸砚，显得非常文雅。只可惜住了一夜，又出发了。

---

① 宁安县城　今黑龙江省宁安市。
② 拽（zhuāi）　扔；抛。

沿着镜泊湖东岸南行，在离吉林不远的地方我们考察了一个石器地点。这个地点出土的石器是用黑曜石打击成的。这在我国还从未见到过，黑龙江省博物馆已派人在那里发掘和研究。这和我所要找的细石器完全不同，应属于另一个文化传统。适值吉林省博物馆的姜鹏先生前来接我们，我们又去了长春。参观了吉林省博物馆后，我动身返京。张振标先生在长春尚有其他工作，稍后才走。

　　第二年，即1976年7月，我们研究所组队与黑龙江省博物馆的研究人员一起，又赴黑龙江省的最北端十八站进行发掘。7月底当地驻军对我们说，唐山发生了大地震，唐山、丰南地区损失很大，死伤人数很多，地震波及了天津市和北京市。大家一听，都很担心家里及研究所的情况，很是不安。幸而很快收到了所里发来的电报："所里和家里情况都很好，不必挂念。"大家心里才踏实一些。

　　工作结束，我从哈尔滨乘三叉戟飞机飞回北京。飞机很大，坐着很舒服。这和1937年我由昆明到西安、1948年从北京飞往兰州所乘的飞机真有天壤之别。这也只是感觉，我无心浏览这架飞机的一切，心里恨不得快点儿到北京。地震后的北京、所里、家里不知是什么样。

　　从机场回家的路上，沿途一切都变了样，大街上到处都是搭的地震棚，就连市政工程用的大水泥管也成了临时住所。到了家一看，院子里也是一个挨一个的地震棚。有的地震棚上遮着油毡，有的是塑料布，有的是床单，还有的糊了些报纸、牛皮纸之类的，五花八门，什么样的都有。我所住的楼也受到了损坏。在楼下的不远处，搭了一间小棚。我住在里边真像过着原始的生活。

　　没多久，国家文物局局长王冶秋先生找到我，说："请你再前往内蒙古'御驾亲征'一次如何？他们在呼和浩特市东郊发现的材料还须去帮助发掘和研究，到了那里即使提　提意见也好。"我与老伴和长子贾彧（yù）彰商量，他们都认为我到内蒙古待些日子比在地震棚里要好，所以我就答应了。由于这次再到内蒙古是王冶秋局长请的，所以受到了很好的接待。

到了呼市①，第三天我们就到市东郊的大窑村详细查看。我们在这个地点所处的小山周围粗查了一遍，直到下午日将落山，才往呼市返。我乘的还是吉普车，按照我的习惯，我坐在前排司机的旁边。我看到车子开得很快，就嘱咐："开慢一点儿。"司机只是"哦哦"地答应，却没慢下来。突然车子失控，蹿出公路，向路旁成排的树中间冲过去。还没等我喊出声来，车子已向前折了个360度的大跟头。含在口中的烟斗和我的眼镜一下子飞了出去，当时我就晕了过去。

大家把我送进了一家医院，直到第二天我才清醒过来。只是这里的医院有医无药。内蒙古博物馆的一位女馆长从朋友处好不容易找来点儿什么霉素，放在窗台上，转眼工夫就丢了。最后上报了这件事，才从军队的药库里得到了急需的药品。

我醒过来，守护在旁边的人才放了心。据他们说，我们同行的几辆车，都被我乘的那辆吉普车远远地甩在了后面。最先看见我那辆车出事的，是一位正在骑自行车的青年妇女。她扔下车子跑了过来，见吉普车顶已塌，我坐的那边的车门已掉了下来，我的上半身落在地上。她正想把我扶起来，后面的车到了，大家才七手八脚地把我送到了医院。

见我醒来，民警也来了解情况，问我是否车开得太快。我说："不快，是路滑造成的，因为出事前刚下过雨。幸而司机很机智，擦着树的间隙而过，否则非车毁人亡不可。"民警虽对我的话半信半疑，但由于我语气肯定，一口咬定是路面造成的事故，他也只好把证件退还给司机。司机一家人都指望着他挣钱生活，我岂能不为他说点儿好话呢！

回到北京后，司机一家人还专程来北京看望我，感谢我的"救命

---

① 呼市　呼和浩特市的简称。

之恩"。我对他说，要说有"救命之恩"的是你不是我，你要是开车撞到树上，咱俩不就都玩儿完了吗？

我遇险后，王冶秋先生和我们研究所商量，先对我家里保密，看看我的伤情再说。没多久，我的伤渐渐好了起来，胸骨骨折也长好了，还可以下床走动几步。这时北京大学考古专业（即现在的考古系）吕遵谔教授前来看望。他详细问了我的伤情，我说，其他地方恢复得很好，只是胸部还有阵阵疼痛。最后他叫我亲自给我老伴写封信，谈谈我的情况，免得家里挂念，我照办了。吕先生回到北京后到我家，把信拿出来给她看。老伴问："既然伤都好了，怎么不回来？""让他多养几天，养得比以前还健壮再回来不更好吗？"

我在内蒙古的医院住到了初冬，医院还没烧暖气，几位司机拿来了一个大电炉子给我取暖。又过了不久，我们研究所的刘静波先生来到呼和浩特，接我出院。几天后我俩乘飞机回到了北京。

我们的研究所在北京德胜门外祁家豁子，我住的宿舍也在大院之内。由于地震的破坏，宿舍成了"危楼"。所里照顾我，把图书馆的一间房腾了出来，让我们夫妇居住。后来，我的次子把我们接到他家里住了一段时间，我的身体才渐渐恢复正常。

这次翻车几乎丧了命。直到现在朋友还拿我开玩笑，说我是最出色的特技演员。场面惊险有三：第一，车子失控后，蹿到路旁树的空隙之间，没撞到树上；第二，车子向前折了360度的跟头，车棚瘪了，车门掉了，挡风玻璃碎了，我的下半身还在车里，上半身横在车外，嘴里叼着的烟斗和戴着的眼镜飞出很远，我的头没碰伤，满脸满身的玻璃碴子也没把脸和身上划伤；第三，车棚上的横梁断了，我戴着的一顶蓝布帽子挂在了上面，只差1.2毫米，我的头就会被断梁穿个窟窿。大家都庆幸我能活下来，说我是大难不死必有后福。其实后福有没有说不清，但大难不死是有的，而且不止车祸这一次。

最危险的是1988年，我得了一场大病，说句文雅的话，差一点儿"与世长辞"。

　　那年，正值我80岁。一天清晨，我上厕所，发现大便发黑，老伴看了认为是便血，劝我到医院去检查检查。当时我们研究所已经迁到了西直门外大街142号——北京动物园附近。我的家也搬到了院内宿舍。我到了人民医院，大夫为了确诊，叫我住院检查。肠镜的结果是结肠癌。但是医德高尚的外科荣大夫对我说是横结肠上长了一个腺瘤，劝我还是动手术切掉好，不然会越长越大。所里的领导及我的家人都知道我的病情，只瞒着我，怕我思想上有负担。我还是几年之后，偶然翻看了当时的病历，才知道了真相。

　　术前我做了各方面的检查，特别是血。医生说按照我的年龄，这不像是我的，而更像年轻人的。如果手术时间不长，最好不给我输血。

　　手术那天，我的家人都来了，他们目送着我被推进手术室。大夫按着肠镜的检查结果先在我的右胸下横着开了一刀，取出横结肠，但怎么也找不到肿瘤。再找还是没有。这时时间拖了很长，聪明的大夫突然想到是不是检查的结果左右错了位。他立刻把刀口缝合，又在肚脐左上侧竖着开了一刀，才找到病点。结果切除了大约25厘米一段结肠，把小肠和大肠连在了一起。手术原来只需要一个半小时，这回用了六个多小时才完成。麻醉师看我手术时间太长，失血过多，还是给我输了800毫升的血。这次输血可给我带来了灾难。

　　出院之后，头几天自己感觉良好，不久就感到四肢无力，瘫软得连衣服都不能自己穿。接着眼睛和脸色变得蜡黄。我患上了肝炎，这是输血造成的，我输进了带肝炎的血。当时，各单位都组织献血，有的人体检很正常，但却让一些以卖血为生的人代替献血，所以从血库拿来的血，也有"伪劣假冒"的。

　　经人介绍，我住进了中日友好医院。那里有传染病房，但病人太多，没有单人病房，我只好和一位年轻的外地患者同室。虽然病魔缠身，腿浮肿得厉害，浑身无力，但我的心情很开朗。大夫叫打针就打针，叫吃药就吃药，积极配合大夫治疗，我成了这个传染病科的最佳病人。大夫经常以我为例，劝说一些思想有包袱的病人。

与我同室的那位病友，不听大夫叫他少吃东西的劝告，叫妻子到街上买了两碗饺子，偷着吃下。吃后他就感到不舒服。大夫知道后很恼火，马上对他救治。为了抢救方便，大夫把我换到了另一间病房。当天夜里他就死了，是死于胃出血。人的"生"与"死"就像一层窗户纸，一捅就破，死是多么容易啊。

我的水肿越来越厉害，从脚一直肿到了肚脐眼。虽然每天用药物排尿，但仍时好时坏。大夫给我用红小豆和鲫鱼煮汤，要我天天喝，但我一点儿胃口都没有。说实在的，喝这汤比喝药更难咽。

为了增加营养和抵抗力，大夫建议我打"胎盘白蛋白"。这种东西，医院里美国、日本和我国香港产的都有，但怕有艾滋病毒，不敢用，大夫叫我最好自己想办法，找国内产品。当时国内产的胎盘白蛋白很难搞到，只有献血者才能买到一瓶。我们想尽各种办法，到处托人，连"九三"学社中央都帮忙，最后总算买到了33瓶。我每天注射一瓶，不料想病还真的有好转。

给我看病的主治大夫是位年长的老大夫，他在其他医院也有兼职。他认为我已是80岁的老人，要保守治疗。可是另外两个年轻大夫，认为我虽然年纪大，但体质好，又没什么其他病症，准备为我来一下"恶"治。

他们叫我服大量排尿的药，每天认真记录，接着打白蛋白和补钾。几天下来，弄得我一丝力气都没了。可喜的是，我的水肿渐渐消退了。老大夫听说后，也很高兴，对我说："每天这样大量排尿，身体能支撑下来真是不容易。打白蛋白等于借钱吃饭，你还得自力更生来养活自己。"一句话，说白了就是叫我自己吃东西。从此我就尽量吃，不爱吃的也要吃。饭量增多后，就逐渐减少白蛋白的用量。我的身体渐渐恢复，不久各项指标均达到了正常人的水准。经大夫同意，我被转到了康复病房。

康复病房窗明室亮，有卫生间，有电视，有冰箱，有电话，比一般病房舒适多了。大年三十，在北京的妻儿老小，还自己动手包饺子，在康复部的伙房里吃了一顿团圆饭。

80岁的生日，我是在中日友好医院度过的。亲朋好友，在医院的病友和大夫，都来为我祝寿。有的送花，有的送字，历史博物馆还给我送来了特意为我制作的"老寿星"。他们把我当成小孩子，我对此感到十分高兴和幸福。

春节过后，我已经能独立生活了，吃饭、上厕所已不用人照顾。孩子仍日夜陪伴着我。我以为用不了多久就可以回家了，却不承想又遇上了倒霉的事。

一天早晨，医院雇用的卫生员打扫完房间后，打开窗户，准备擦玻璃。一阵凉风袭来，吹得我打了个冷战。下午我就发高烧，又得了肺炎。每天打吊针，就是高烧不退。医生通知了单位和家属："看样子他出不去医院了，要做最坏的打算。"

正如奥斯特洛夫斯基所说"当他回首往事的时候，不因虚度年华而悔恨，也不因碌碌无为而羞愧"。人的生命只有一次，我们应该活得充实、有意义。

死亡之神又围着我转来转去。"人之将死，其言也善。"在我清醒的时候，我就想，自己一生是否做过坏事，是否有对不起别人的地方呢？虽然我娶过两个妻子，但她们俩都彼此谅解了。我孝敬父母，善待儿女子孙，只是因工作关系对他们照顾不够，没利用自己的职位为他们安排好工作，这是我能力有限。再说，不依靠别人，对他们以后的生活也有好处，他们也会谅解的。想来想去，我不欠人情债，心情反而踏实多了。

唯有在工作上我还没有对自己提出的三大课题，即人类起源的地点、人类起源的时间、人类在演化过程中先进与落后同时并存的"重叠现象"有所突破，因而有些着急，但天命难违。

还有一句古话，就是"人生七十古来稀"。我已活到80岁了，赚头还不小，我的老师或前辈们也大多没我活得长。裴文中活到78岁，魏敦瑞活到75岁，德日进活到74岁，杨钟健先生也只活到82岁；我的父亲活到73岁，我的母亲活到84岁，我还有什么不可撒手人寰的呢？俗话说"不做亏心事，不怕鬼叫门"，我虽不信鬼神，但觉得这句话有一定的哲理。

大夫看什么药对我也不起作用，就决定给我注射"先锋5号"，如果"先锋5号"作用不大，就只剩下"先锋6号"了，再也没有别的办法。不想我的烧渐渐退了，精神也慢慢好了起来，死神再一次被我从身边赶走。

1989年4月底，我出院了。出院之前，大夫、护士长及护士们为我祝贺，问我："怎么好的？"我说："是你们给我治好的，怎么问我呢？"大夫说："这不单凭我们的治疗，最重要的是你对疾病不畏惧，有战胜疾病的信心，能很好地配合我们。"不怕死的心，我是有的。但什么信心，当时我还真没力气想这些。

出院后，我一心在家疗养，在小书房里看寄来的信和书。大约过了一个多月，我的元气恢复了，我又开始趴到桌上写东西——总是这样，每次遇险和大病之后，我都能有时间安下心来总结一下过去的调查和研究，安安静静地写点儿东西。对我来说，这算是大难不死的"后福"吧。当然一些国内、国际的学术会议，在我身体许可的情况下，我是尽量参加的。听听同行们的新观点，互相交流一下意见和建议，可以使自己增加很多新的知识。

路途依然遥远

　　我这个人喜欢遐想①，但又不是漫无边际。比如，在山顶洞、辽宁省海城小孤山遗址发现了骨针，由此推断当时应该有"衣服"。什么叫衣服呢？如果用兽皮，肩冷披肩，腰冷围腰，就像我们用毯子裹住自己，那叫衣服吗？当然不是，我想只有把兽皮用针缝缀起来，不管缝制技术有多粗糙，这样的东西才能叫衣服。当初制作衣服并不是为了美，而是为了御寒。有了御寒的能力，人的活动范围就扩大了，适应和生存的能力也增强了。

　　在1991年第3期的《大自然探索》上我发表过一篇题为《人在何时登上了美洲大陆？》的文章，文章中我认为细石器起源于我国华北，经宁夏、内蒙古、蒙古共和国和我国的东北到东西伯利亚，最后通过白令海峡进入北美。细石器的主人要想追猎大兽，通过白令海峡，必须有两个不能忽视的条件：一得会人工生火；二得有用针缝缀皮衣的本领。

　　从石器上看，从100多万年前到1万多年前，有不同的传统，也有继承关系。一代接一代，一茬儿接一茬儿，这当中一定有传授的方法。

――――――――――――――――

① 遐（xiá）想　悠远地思索或想象。

这种传授方法除手把手地教之外，还应有一种解释的能力，使别的能工巧匠懂得自己的意思。这种解释能力就是语言，尽管语言很简单。俗话说，人有人言，兽有兽语，人的语言又是何时才有的呢？

又如，在山顶洞发现了很多的装饰品，这些装饰品都有孔，可见当时穿孔很普遍。这些装饰品除了起装饰作用之外，也可能还有其他用途，如计数或者作为权力、英雄的象征等。不能否认，爱美之心两万年前的人就有了。

干我们考古这行的，特别是史前考古的人，要有丰富的想象力。想象力来源于知识，而知识的来源就是学习，随时随地向别人请教和实践。

不瞒众位，1937年初，我和卞美年先生初次去云南的时候，就露过怯。我们到了云南，听说有一种很好吃的"过桥米线"，是云南的特色小吃，我们两人当然想品尝。走进饭馆，点了"过桥米线"，不一会儿，伙计在我们每人面前送上一碗汤，我以为这和吃西餐一样先上汤，就迫不及待地喝了一大口，紧接着又哇的一声，赶快吐了出来，这时，我口中已烫起了疱[①]。我看汤并没冒热气，没想到却这么滚烫滚烫的，当然特色小吃也没吃成。

后来请教一位老人，才知道"过桥米线"的来历。据说，从前有个年轻的读书人，已经娶了妻。为了不受家人的打扰，他每天到庙中苦读。他家和庙之间有条河，河上有座桥。每到中午，妻子都为他送带汤的米线（用大米粉做成的面条），可是送到后，汤总是凉的。后来她想了一个主意，在烧好的汤上浇上一层油，不使热气跑出来，让丈夫把米线和肉片涮着吃，这样既热又好吃，这就是"过桥米线"。真是不经一事不长一智。

---

① 疱〔pào〕 皮肤上长得像水泡的小疙瘩。

我们的考古工作，也有相似的事。1959年，北京举行"'北京人'（中国猿人）第一个头盖骨发现纪念会"，广东来的代表带来了一件在东兴县贝冢①中发现的石器。这是一块两面打击而成的石片。从形状上看，它很像欧洲二三十万年前阿舍利时期的制品——手斧，与我国以往所发现的石器有很大不同。同年年底，我与戴尔俭、刘增等先生一起赴广东省东兴县②考察。

陪同我们一起考察的还有广东中山大学的梁钊韬教授和黄慰文先生，广东省博物馆的杨豪、莫稚、梁明燊等先生。我们先后对东兴、南海的西樵山、翁源的青塘等地进行了考察。东兴靠海边，贝冢很多。在县西北大围村东茅岭江出口处的杯较山，我们从三处贝冢里发现了贝壳和遗物。贝冢中打制的石器也很多，石器的尖端都是钝而圆的，这证明使用的部位是尖端。这些石器是干什么用的呢？我们考察的人都说不清。向当地群众请教，也没问出个所以然。后来还是一位老人家告诉我们说这东西叫"蚝蛎③啄"，是专门用来打破蚝蛎壳，再挖取蚝蛎肉的。现在的人早已不用它，而改用铁钩子。退潮之后，我们亲眼看见很多小孩用铁棍敲开巴在石头上的蚝蛎，再用钩把肉钩出来，装进篮子里。

在贝冢里我们还发现了一个骨制的箭头。箭头是毫无疑问的，但它尖端钝圆。这是为什么呢？经过多方请教才知道，这是用来射羽毛艳丽的鸟用的。带尖的箭头，会将鸟射出血，鸟死亡后，羽毛就会失去原有的艳丽。不问，不学，不亲眼看见，当然就学不到这么多知识，再遇到相似的东西也无从解释。虽然贝冢中的磨光石器属新石器时代，但这种箭头的发现可以证明贝冢的时代有早有晚，晚的甚至可以到有

---

① 贝冢〔zhǒng〕 坟墓似的东西。冢，坟墓。

② 东兴县 现属广西壮族自治区。

③ 蚝蛎 牡蛎。

历史记载之后。

我们从北海市乘汽车返回广州，因路途遥远，中途我们在一户渔家过夜。一进门我就看见墙上挂着的渔网。使我好奇的是，网坠不是铁或铅的而是海蚶壳的。海蚶壳的凸出部分被磨成孔或钻成孔，然后成串地系在网上。我向渔户请教这种网的用途，渔户说这种网是拉虾用的。把系有成串海蚶壳的网绑在船的一侧，人横推着船在海中走，海蚶壳就能发出哗啦啦的响声，虾即向船上乱蹦。

这使我想起了在山顶洞发现的海蚶壳，我们把它们都当成了装饰品，是否它们也像这里一样用作网坠呢？如果真是这样，一万多年前的山顶洞人不是也有捕鱼捕虾的生活手段吗？当然这只是联想，还没有进一步的材料证明，不过如果不是亲眼所见亲耳所闻，谁会想得到呢？当然我们主要研究的还是古人类和他们遗留下来的文化——旧石器。人是何时由猿演化而成的？人的起源地到底是哪里？人又是如何一步一步发展成今天这个样子的？这些问题世界各国都在研究，但至今还没有个头绪。自从1929年12月2日下午4时，我国北京周口店发现了"北京人"第一个头盖骨以来，我国先后又发现了蓝田人、元谋人、郧县人、郧西猿人、和县猿人、沂源猿人等直立人化石；金牛山人、丁村人、长阳人、马坝人、许家窑人、河套人、山顶洞人、柳江人等早、晚期的智人化石，以及很多的旧石器遗址。

中华人民共和国成立后，在党和各级政府的大力支持和关怀下，我国的古人类事业和旧石器考古事业得到了飞速发展。从考古发现中我们证实了"北京人"不是最原始的人，"北京人"只不过是人类进化长河中的一个阶段、一个环节。要认识人类的起源和进化的过程，缺环还太多太多。尽管在我国找到了很多个缺环，但还不能把一个个环串接起来。再说，这些问题也是全世界古人类学者和旧石器考古学者共同的课题，要搞清楚，不是一个国家的学者或一代人两代人就能完成的。

目前，随着科学的发展，分子人类学出现了，一些学者利用基因方法来测定人猿分离的时间。当然它不能完全解决问题，体质人类学仍占有重要位置。骨骼化石特别是头骨化石显示出来的进化特征最明显。学者们可以从头骨的特征上观察出原始与进步、年龄和性别来，从而容易确定其在演化上的位置和与其他人种的关系，甚至连他活在世上时的相貌都可以塑造出来。"北京人"、山顶洞人的复原像就是根据发现的头骨塑造出来的。

提到复原像，我还想起一个真实的故事。二十几年前，南京郊外的一片树林中，有人发现了一具女尸，马上向公安机关报了案。公安人员来到现场，发现尸体已经腐烂。尸体头部腐烂得很厉害，面容一点儿也辨认不出来。尸体身上无任何证件，根本不知她是谁。叫有失踪亲属的人来认，由于尸体相貌不清，也没人认出。没办法，公安人员找到我们研究所。我所派了一位老技工去，帮助办案。根据对头骨的测量，老技工很快复原了女尸的头像。一位老太太一眼就认出了这是自己的女儿。案子很快就破了。至于怎么破的、凶手是谁我们不必管了，我只想就此说明头骨的重要性。

人类化石是人类进化过程中的重要证据，它很难找到，发现人类化石是可遇而不可求的事。所以人类化石是研究人类起源、进化极为珍贵的材料。但愿这些人类的祖先给我们发现他们的机会，使我们把环节串联起来，使我们能够充分地了解自己是怎样变成今天这个样子的。

分子人类学的兴起，是件好事，体质人类学和分子人类学相互印证，给研究古人类带来更大的益处。随着科学的不断发展，或许还有更先进的方法，这又另当别论了。

20世纪即将过去，21世纪即将来临。随着中国的改革开放，中国经济上的崛起，党的科教兴国政策的实施，在科学和文化领域内必将会有一个欣欣向荣的崭新面貌。有人称21世纪是中国在各个方面全面发展的世纪。我在上海《科学画报》1992年第5期"21世纪科学展望专栏"中谈到，人类起源和演化研究中的三大问题是21世纪我们这门学科的研究课题。它们是古人类研究中最引人注目也是最富有魅力的课题。从20世纪初在我国兴起这门学科到目前为止，它们还没有满意的答案。这三大问题就是：1.人类起源的地点；2.人类起源的时间；3.人类在演化过程中的重叠现象。

关于人类起源的地点，过去有人认为是欧洲，因为欧洲研究古人类的历史比较早，最早发现的有关人类化石的地方是欧洲。随着古人类学的发展、古人类化石和古文化的不断发现，欧洲是人类起源地的说法没人赞同了，就连欧洲的学者也承认人类并非起源于欧洲。后来非洲发现了古人类化石，有人就认为人类起源地是非洲，不久亚洲发现了古人类化石，又有人认为人类起源地是亚洲。这个问题的答案就像"墙头草"，总没有定论。

美国自然历史博物馆的人类学家奥斯朋在1923年提出：人类的老家或许在蒙古高原。他的论点是，最初的祖先不可能是森林中人，也不会从河滨潮湿多草木果实的地方崛起。只有高原地带环境最艰苦，人类在那里生活最艰难，因而受到的刺激最强烈，这反而更有益，因为从这种环境中崛起的生物对外界的适应性最强。

著名的古生物学家马修（W. D. Matthew）1911年在纽约科学院宣读了一篇《气候与演化》的论文。论文中他支持1857年利迪（J. Leidy）提出的人类起源于"中亚"的论点。利迪认为，在中亚高原或其附近地带出现了最早的人类，这个地区具有完整记载的古老文化。不过利迪的论点没被人们重视和接受。

我的观点是人类起源于亚洲南部即巴基斯坦以东及我国的西南广大地区。其原因是1965年在我国云南省元谋盆地发现了170万年前的元谋直立人的牙齿，1975年在我国云南省开远县和禄丰县发现了古猿化石，开远县和禄丰县化石出土的褐煤层距今约有800万年历史，处于中新世晚期到上新世早期。这种古猿最初定名为拉玛古猿（由于研究者多次更名，我无法适从，所以仍用原来的命名），最带有人的性质，曾被誉为"尚不懂制造石器的人类的猿型祖先"。自元谋人的牙齿被发现后，近年来云南元谋县班果盆地又接连不断地发现了人型超科化石，这更增加了人类起源于亚洲南部的可信度。

值得一提的是，1975年中国科学院古脊椎动物与古人类研究所的专家们，到喜马拉雅山山脉中段和希夏邦马峰北坡海拔4100～4500米的古陆盆地调查，发现了时代为上新世（距今500万～200万年前）的三趾马动物群。除三趾马外，还有鬣狗、大唇犀等。从三趾马的生态环境看，那里多是森林草原的喜暖动物。根据当地孢子的花粉分析，此地曾生长檵木①、棕榈、栎树、雪松、藜科和豆科类植物，都属于亚热带植物。

上新世的时候，喜马拉雅山的高度约1000米，气候屏障作用不明显。中国科学院组织的珠穆朗玛峰综合考察队，于1966—1968年连续三年在那里进行考察和研究。郭旭东先生发表了论文，文章中认为：在上新世末期（约200多万年前），希夏邦马峰地区气候为温湿的亚热带气候，年平均温度为10℃左右，年降水量为2000毫升，以上这些条件都适合远古人类的生存。我在1978年出版的《中国大陆上的远古居民》一书中就这样表述过："由于上述的理由我赞成'亚洲'说，如果投票选举的话，我一定投'亚洲'的票，并且在票面还要注明'亚洲南部'字样。"

关于人类起源的时间也是我感兴趣的问题。人是由猿进化来的，

---

① 檵（jì）木　常绿灌木或小乔木，叶子椭圆形或卵圆形，花多白色，结蒴果，褐色。枝条和叶子可以提制栲胶，种子可以榨油，花和茎叶可入药。

这个问题没有疑义了，但人猿相揖别①是在什么时候呢？人是从人猿揖别时就应该叫人了，还是从能制造工具时才算是人呢？恩格斯关于"劳动创造人""劳动是从制造工具开始的"的学说过时了吗？

周口店的"北京人"（即北京直立人）被发现之后，我们才知道人已经有50多万年的历史了。在这之前连说人有10万年的历史都叫人难以相信。我和王建先生在研究了"北京人"使用的石器后，认为它的加工很精细，又有各种类型，证明其使用时用途有所不同，"北京人"有使用火和控制火的本领，因而提出了"北京人"不是最原始的人的论点。我们发表了《泥河湾期的地层才是最早人类的脚踏地》的短论，引起了长达一年多之久的争论。

在这之后，相继又发现了比"北京人"更早的人类化石和遗物，如元谋人、蓝田人化石，西侯度、东谷坨、小长梁等地的石器，这些物品都有距今180万～100万年的历史，比"北京人"生活的时代早得多。这证明了我们的论断是正确的。随着世界各地不断又有的新发现，我认为最早的石器还应该到目前认为的第三纪地层中去寻找。因为目前发现的石器都有了一定的类型和打制技术，不能代表最早的技术。

目前谁也不敢说什么样的石器是最早的石器，但可以肯定，人类从认识什么样的石头适于制造石器，根据不同的用途加工成不同类型的石器，即使加工得很粗糙，也不是很短的时间能够完成的，这是人类在与自然界的斗争中经过长期实践而总结的结果。我在1990年发表的《人类的历史越来越延长》一文中说："我认为根据目前的发现，必将能在上新世距今400多万年前的地层中找到最早的人类遗骸和最早的工具，（人）能制造工具的历史已有400多万年了。"说来也巧，我这篇文章发表不久，美国人类学家就在非洲发现了400多万年前的人类化

---

① 揖（yī）别　犹拜别。

石。1989年在美国西雅图举行的"太平洋史前学术会议"上，我曾建议把地质年表中的最后阶段"新生代"一分为二，把上新世至现代划为人生代，把古新世至中新世划为新生代。这样的划分似乎比过去的划分更明晰。

人类在演化过程中的重叠现象是个非常复杂而又十分棘手的问题。我发现人在演化过程中不是呈直线上升的，而是原始和进步同时并存的，我把它称为"重叠现象"。这种现象最为显著的表现是辽宁营口县发现的金牛山人和周口店的"北京人"。根据地层学和哺乳动物学的调查研究和年代的测定，金牛山人生活在距今28万年前，属于"原始智人"。"北京人"是生活在距今70万～20万年这一阶段，他们之间的体质变化不大。这就说明，先进的金牛山人出现时，落后的"北京人"的遗老遗少们依然生存于世。他们彼此间可能见过面，也可能为了生存彼此还打过架。这种重叠现象，并非仅在中国存在。

不仅人类在演化过程中有重叠现象，石器的重叠现象也屡见不鲜，耐人思索。过去我在华北工作时间较长，把华北的旧石器文化划分为两个系统，这是按石器的大小与使用的不同而分类的。在广大的国土上是否还有其他的系统和类型？答案是肯定的。因为人类有分布，文化就有交流和交叉。

在河北省阳原县的小长梁发现了细小石器，其制作精良，最小的还不到1克重，能与欧洲10万年前的石器媲美。1994年经中国科学院地球物理研究所专家用最先进的超导磁力仪测定，小长梁遗址距今为167万年。这虽然为我的"细石器起源于华北"增加了证据，但石器之小，打制技术之好，年代之久远，都出人意料，是什么人制作出来的，令人百思不得其解。

综上所述的三大问题，是21世纪我们古人类学和旧石器考古学面临的重大课题。你说人类起源在亚洲或非洲，那么人类起源有多长时间？不是外国人怎样说，我就怎么说，也不是一两个"权威"就能说了算数的。百家争鸣比一花独放要好。既然这些问题是全世界学者的课题，也就应该多开展国际间的合作。总之，还需要我们努力去工作，特别是年轻人应多做工作。要想解决这三大问题，我们的古人类学者和旧石器考古工作者任重而道远。

1993年9月4日是我国第七届全国运动会开幕的日子，在这前夕，夏景修也因患结肠癌于9月2日去世。8月26日，在她弥留之际，我光荣地在周口店点燃了"文明之火"的火种，又把火种传递给了第13届国际数学奥林匹克大赛金牌得主周宏同学。圣火火种从他的手中开始传递，一站站传到了天安门广场，传到了江泽民总书记的手中……陪同我一起去点燃圣火火种的长子，当他回到夏景修的病床前，把这一消息告诉她时，她的脸上现出了一丝笑容。

令我欣慰的是，在她最后的日子里，我的长子、长女及其他孩子始终守护在她的身边，伴她走完了人生最后的路程。虽然她不是孩子们的生母，平时他们之间也出现过磕磕绊绊，但孩子们在她临终时仍像待生母一样待她。享年79岁的她，走得没有什么遗憾。

流逝的岁月留下了什么

我是决不会白白地浪费时间的。不经常外出搞野外工作，就在家写一些理论性的文章，不管别人对我的观点能否接受，我都照写不误。即便错了，通过探讨对自己或对后人也是提高。大地震后，1978年，当我70岁时，我发表了下面这些文章，并发表了3本专著：

《中国细石器的特征和它的传统、起源与分布》（《古脊椎动物与古人类》，16卷2期）；

《从工具和用火看早期人类对物质的认识和利用》（《自然杂志》，1卷1期）；

《"北京人"时代周口店附近一带气候》（《地层学杂志》，2卷1期）；

《周口店"北京人"之"家"》（《北京史地丛书》，北京出版社）；

《西侯度——山西更新世早期古文化遗址》（与王建合著，文物出版社）；

《中国大陆上的远古居民》（天津人民出版社）。

1980年以后我发表、出版的著述有：

《上新世地层中应有最早的人类遗骸及文化遗存》（《文物》，1982年第2期，与王建先生合作）；

《中国的旧石器时代》（《科学》，1982年第7期）；

《建议用古人类学和考古学的成果建立我国第四系的标准剖面》（《地质学报》，1982年第3期）；

Early Man in China（《中国早期人类》，外文出版社，1980年）；

《人类的黎明》（主编，上海科学技术出版社、香港三联书店，1983年）；

1984年我与黄慰文先生合作，为外文出版社写了20多万字的《周口店发掘记》，它的英文译本为*Story of Peking Man*（《"北京人"的故事》），天津科学技术出版社出版了中文版。

1989年我病愈出院后，反倒越来越忙了。虽然我很少到研究所的办公室去上班，但我在家里仍每天工作6小时以上。如有人来访，那就算是我的休息。不但如此，我还没有礼拜六和礼拜天。

人的一生是短暂的，即使每个人能工作60年，掐指细算也只有21900天，去掉工休日、节假日，再以每日工作8小时计算，人的一生用在工作上才有多少时间呢？

人的一世，并非在于吃喝玩乐、穿着打扮，而应该为祖国、为事业干出点儿成绩。所以我以工作为乐趣，把自己不知道的东西变为知道，其乐无穷。

我有青光眼和白内障，每天要戴着老花镜和拿着放大镜写文章，的确很费劲，但我每写完一段或一节，心里都会感到高兴和愉快。

进入20世纪90年代，我常为青年人写的著作作序。为青年人的著作作序，是对青年科学工作者的鼓励和支持。所以每当别人有求于我，不管认识或不认识，一般我都不拒绝。写序也很麻烦，你必须把文章都要看完，看明白，才好给人家指指点点。

除此之外，近几年我写的著作有：

1994年，《中国古人类人发现》，香港商务印书馆出版；

1995年，《中国史前的人类与文化》（与杜耀西、李作智两位先生合作），台湾幼狮文化事业出版公司出版；

1996年，《发现"北京人"》（与黄慰文先生合作），台湾幼狮文化事业出版公司出版。

我写出的文章和著作，别人有什么反馈，这是我很关心的事。我把我能收集到的评论材料都装订起来，名为《拙著评述》。现在已有了第一册，目前我还在继续搜集，准备订第二册。那部Early Man in China出版后，我收到了许多国家同行的来信。信中绝大部分都是颂扬的话，对我给予了鼓励。只有一例，说著作中我不应该引用恩格斯的话，因为他不是古人类学家。

对于1983年出版的《人类的黎明》，香港《明报》当年3月17日以《精美的科普图册》为题，发表述评说：

……一个有希望的国家，她的出版物应该是尽善尽美的、多姿多彩的。现在搁在我手边的这册《人类的黎明》同样令我心情激动……

这是一本精装的大开本图册，有部分是彩页，印刷十分精美，由香港三联书店出版。起初我感到美中不足之处，便是用的简体字，后来却又因此而释然。理解到这本图册的主要读者对象，应是中国大陆的青年。大陆青年可以读到这么精美的科学图册，应是首次，深信必会引起他们对科学的兴趣——任何一种读物，印刷、设计与装帧的精美，都会使读者爱不释手。……我将这本《人类的黎明》拿在手上，会产生一种自豪感，我已不再把它看作是某出版社的出版物，而看成是中国的出版物。……《人类的黎明》编者是中国著名古人类学权威贾兰坡教授，现在香港博物馆展出的古人类化石，有部分便是由他所发掘的。

香港《大公报》当年3月28日在第12版，登载了署名融民的作者以《科学地反映人类起源学说的图册——介绍〈人类的黎明〉》为题的文章。文中用了很大的篇幅介绍这本书，其中有一段这样说：

……关于人类的诞生的演进，科学已经一再证明进化论的正确，可是那详细的过程和证据，许多人仍然希望有一本读物加以清晰阐述。

最近作为《图解科学普及全书》其中一卷的这本大型图说《人类的黎明》的问世，基本上满足了人们的这一渴求。图说由我国著名古人类学家和旧石器时代考古学家贾兰坡教授主编。编辑时，曾获国内外不少权威学术机构和个人的协助。全卷收图400余幅，约四分之一是彩图，内有12万字说明……每章撰述者，均是有关专家、学者，他们援引了大量的出土文物和中外同行的最新研究成果，将各该范围内一向颇多争议的问题一一分析缕述，一新人们耳目……

3月27日香港《文汇报〈百花〉》专刊，以《从中国古人类展览谈到〈人类的黎明〉》为题，刊载了如下论述：

……最近，香港三联书店又及时地出版了《人类的黎明》——人类的起源与演化图说。这是一部科普图说，它围绕着人类的起源和演化这个主题，以"图解"的方式，介绍了古人类学的基础知识和新近的研究成果，图文并茂，内容生动。编撰者从人类的母亲——地球谈起，横剖动物与人类起源的关系，纵论人类的诞生和发展，直到现代遗存的原始人类生活折光反映，形象地显示了人类初生阶段的场景……

3月24日，香港《新晚报》以《中国第一部突破性的科普图说——贾兰坡主编的〈人类的黎明〉》为题，刊登了评论：

……而本书所探讨的"人类的起源与演化"的问题，我们的考古学界近年来的研究成果、所获得的出土化石，足以证明人类真正历史的确实性。本书就是以第一手的资料和深入的研究成果，反映了我国科学家在古人类学这方面的新成就。……

《周口店发掘记》的英译本将书名改为*Story of Peking Man*（《"北京人"的故事》），日文译名为《北京猿人匆匆来去》。1985年第2期的《对外出版工作》（外文出版社）上发表了一篇《〈周口店发掘记〉将搬上日本银幕》的简讯：

《周口店发掘记》（日本译名《北京猿人匆匆来去》）在日本出版后，受到读者热烈欢迎，著作很快销售一空。

日本电视工作者同盟（东京电视系统TBS）决定根据本书拍摄电视片——《周口店"北京人"匆匆来去》。该片导演太原丽子一行5人于今年2月11日至21日来我国拍片，著名古人类学家、《周口店发掘记》作者贾兰坡在家接受了采访。正逢新春佳节，宾主在家吃了一顿饺子午宴，气氛热烈而亲切。

这本书的出版发行，我们并没有拿到多少稿费。有的外国人把书给我寄来，叫我在书上签名再给他寄回去。这样我反而花出去很多邮寄费。

对我著的《中国古人类大发现》一书，也有评论。在《化石》（中国科学院古脊椎动物与古人类研究所主办）1995年第3期上，发表了署名"了望"的文章，文章题目为《〈中国古人类大发现〉一书问世》，文中写道：

……贾兰坡教授在书中用通俗易懂的语言和引人入胜的情节，叙述了我国不同时期古人类化石的发现、发掘和研究的梗概，并按照人类文化发展的序列，阐明其性质，赋予了新的内涵。……该书内容丰富，图文并茂，……对于酷爱本门学科的读者来说，可谓如鱼得水，久旱遇雨，值得一阅。

香港1995年4月号《读书人》月刊以《中国古人类大发现》为题发表了占3页版面的评论，其中有一段：

以贾兰坡的高龄，及对古人类学修为之深，很难要求他的文章能令初学者看得明白。

但令人赞叹的是，这部近150页的《中国古人类大发现》，竟是一个娓娓动听的中国古人类历史故事。

贾兰坡像在对一群年轻朋友讲话，他以第一人称的写法，告诉大家过往中外学者研究人类历史起源的重点，而他在中国的考古研究中，发掘了什么遗址、该遗址有何特点，并将发掘出来的人类头骨化石及生产工具作了详细图文解说，等等。

评论者苏女先生也提出了一些意见，如：

对于一些特别名词，编者宜作注释及作图解；名词用词必须统一，62页用了"周口店乡"，63页却写"周口店镇"；同在55页，一时写100万年，另段又写1.00百万年，都使读者混淆；在中国古人类遗址分布图中，没有此书的人类起源的最大发现地——禄丰县；虽然贾兰坡没有在该地进行发掘考古，也宜标示地点，完整地显示中国古人类的存在踪迹。

对苏女先生的鼓励和提出的良好意见，我非常感谢。

到目前为止，我一共写了456篇文章，还有大小20册书。我的文章及一些小册子也有很多是科普性的。我为这门学科奉献了近70年，我很爱这项事业，我希望后继有人，希望这门学科不断地前进和发展，所以除了写一些学术论文外，在科普文章中，我也花了很多精力。

我极力宣传、普及这门学科，从上述的一些评论中，也可以看出人们是多么喜欢科普性的读物。如果专写学术性的文章，在文章中罗列一大串专用名词，有谁爱看和看得懂呢？科普作品也许不被算作成绩，不算成绩就不算吧，反正我不是为个人成绩而活着，只要问心无愧就心满意足了。

我是快90岁的人了，人老了，不免总想起过去的事。往事一幕一幕像电影一样在脑中放映。从1931年春我22岁进中国地质调查所当练习生算起，除了七七事变日本人占领北平，我失业干了3年"卉园商行"买卖外，掐头去中，我在我的老本行干了60多个年头。我热爱我的工作，对这门学科充满了深厚的感情。我更希望在我离开人世之前，能看到更多的青年投入到这门学科的队伍中来，使这门学科后继有人，不断地发展和壮大，年轻人能超过我们这一代，做出更大的成绩。

我中学毕业，从练习生起家，1933年升为练习员；之后，当时的领导看我工作努力，为了培养我，叫我到北京大学地质系进修，学习普通地质学、地层学（前边没有提及过，是我回忆中漏掉了）；1935年升为技佐；1937年升为技士（因为日本侵华，上报后没得到正式批文，暂按调查员任用，1945年日本投降后正式按技士职称任用。技士相当于今天的副研究员）；中华人民共和国成立后，仍任副研究员；1956年升为研究员。我已经迈入了高层的研究领域。我没有上过大学，也没到国外留过学，

作者宣传、普及这门学科知识的良苦用心令人感动至深！年轻一代更应继承老一辈科学家的意志，不断推动古人类研究的发展，在前人的基础上，做出更大的成绩。

265

我是从一个什么都不懂的小伙计，一步一步攀登上来的。我是从石头夹缝中走过来的人。

有人说我是"土老帽"遇上了好运气，这点我承认。我是个地地道道的土老帽，没进过高等学府，也没留洋镀过金。至于"运气"，我认为就是"机遇"。我的机遇非常好。我一进地质调查所就能在一些国内外著名学者像步达生、魏敦瑞、德日进、杨钟健、裴文中等手下工作，还遇到了像翁文灏这样的领导。我的地位当时虽然很低，但他们从来没有看不起我，还手把手地教我。他们为了培养我，不但叫我去北大地质系进修，还让我到协和医学院解剖科正式学习全部课程，平时对我的要求也很严格。我做得不好，他们就不客气地批评；但我工作上有点儿成绩，他们又及时给予鼓励。

我还记得，当年德日进叫我用英文写一篇文章，我的英语基础很差，错误很多，整篇文章，他改正了三分之二，最后落名还是用我一个人的名字。我问他为什么，他笑了笑说，文章是你写的，我只不过帮你改了错句和错字，当然用你的名字。你看，这就是一位大科学家的风范和品德。实际上，像他这样的导师，我是没资格做他的学生的，我怎么能说不走运呢！何况我还守着近在身边的卞美年、裴文中、杨钟健这样的一些人。

就连一些技工和工人，我对他们也很敬重，我能认识一些动物化石最初就是他们指点的。吃水不忘掘井人嘛。看着挂在我家小客厅里的这些老一辈的中国地质学科的奠基人和开拓者的照片，尽管他们多已不在人间了，却常常勾起我对他们的怀念。每逢遇到难题，看看照片，回想起他们在世时的音容笑貌，对我仍是一个很大的鼓舞。

俗话说，师傅领进门，修行在个人。我自己的努力，也是我成功的关键。我不但向老师们学习，也在工作之余挤出时间读书。我写下的读书笔记足足有100多万字。在实践中，我累积经验，将书本上学到的理论，反过来又指导实践，就这样反反复复。曾当过我们科学院院长的张劲夫讲过：搞事业要"安、钻、迷"，就会干好。所谓的"安、钻、迷"就是要安下心来，能够钻进去，达到迷恋的程度。我就是做到了"安、钻、迷"。

我这个人，还有个脾气，也可以说是个性吧，我不愿意跟在大专家、大学者屁股后面跑。尽管他们亲手把我教会，把我培养出来，但对他们在学术上的观点，我也用自己的头脑过一遍，对的支持，认为不对的，就大胆地提出自己的见解。我有我的一定之规：要叫自己的头脑围着事实转，不能叫事实围着自己的头脑转。别人画好圈儿你就钻，绝不会有什么大成就。但是一旦发现自己有错，就要敢于大胆改正，以免误人、误己。越是成了名的专家，越应具备这种精神和勇气。这才算得上"维护科学的尊严"。

20世纪50年代末和60年代初，我和裴文中先生关于"北京人"是否是最原始的人的争鸣，就是最好的例子。我与裴先生的争鸣纯粹是一场学术上的争鸣，这场争鸣不但没有影响我俩之间的感情和关系，反而带动和促进了我们对这门学科的研究。我对裴先生也更加尊敬了。

湖北省考古所李天元先生在郧县发现了郧县人之后，把头骨拿到我们研究所里来，叫我所帮助修理。当时整个头都还被钙质结核包裹着，只露出了一部分牙齿。

我发现臼齿很大，很像南方古猿。我就说这好像是南方古猿。等到我的老朋友胡承志先生到武汉帮他们把头骨修出来以后，他对我说：不是古猿，是直立人。连李天元教授也认为是直立人的头骨。以后我也承认是直立人了，我并没坚持自己的看法，事实就是事实，在没修出之前我没看准。但此臼齿之大，与其他直立人有很大差异，其原因至今连与湖北省考古所合作研究的美国专家也没搞清楚。

半个多世纪以来，我在旧石器考古学、古人类学、第四纪地质学等方面，也做出了一些成绩，受到了国内外同人的好评。我应邀到过我国的香港、台湾以及日本、美国、阿尔及利亚、瑞士等地区和国家去讲学和进行学术交流，所到之处都受到了热烈的欢迎和盛情的款待。从中我看到了国外在科研上的长处，有着很多值得我们学习和借鉴的地方；我也看到了我们自己的优势。

在我国台湾的台中自然博物馆，我看到那里的科普工作做得非常好，声、光、像及电脑等高科技手段都用上了。在一个展示蚊子的展台前，模型蚊子的头被放大到直径足有1米，吸血的嘴直撑地板，使人一眼就能看清它的结构和它吸血的过程。在立体剧场里，我们看到了火山爆发的演示，火山爆发巨雷般地震耳骇人；喷出的岩浆火花四溅，岩浆缓慢地顺山谷流下，激起的海水波涛汹涌。这种模拟逼真的景象，使人一目了然。在"北京人"展厅里，塑造了原样大的"北京人"在洞内生活的景象，表现非常生动，根本用不着解释。另外还有肉食恐龙和草食恐龙的对话，不仅活泼有趣，还使人感到确实应保护自然环境，保护好我们的地球。台中自然博物馆，每天，特别是节假日，都吸引着成千上万个孩子及大人去参观。

相比之下，大陆的博物馆多是在标本前放上一张标签，就像摆地摊一样，死气沉沉，叫人感到乏味，怎能激发起青少年的兴趣呢？

1995年4月，我应邀到美国华盛顿参加新当选的院士签字仪式，在旧金山和华盛顿也参观了一些博物馆。给我印象最深的是美国人非常喜爱博物馆。不管是旧金山的亚洲艺术博物馆、自然科学博物馆，还是华盛顿的国家自然历史博物馆、航天博物馆等，参观的人都非常多。特别是星期天，人们很早就排起了长队，等候博物馆开门。学生也很多，一队一队的。在亚洲艺术博物馆里，有一个很大的房间，中央放着大桌子，很多小学生围在桌前写着什么，书包放在地上。我问了陪同我参观的一位工作人员才知道，美国对博物馆这块教育基地非常重视，很多博物馆都有这样的房间供学生使用。小学生参观完后，老师给他们出题，他们就围在桌前写观后感。有的学生没看清楚，还可以跑去再看，回来再写。这不都是值得我们学习和借鉴的地方吗？

当然我们也有自己的优势。我国地域辽阔，地层保存完好。越来越多的古人类化石和旧石器遗址相继被发现，一个个缺环被找到。很多国外的科学家都把眼光逐渐地移向中国，他们也都想跑到中国来看看，寻找人类的祖先。既然这门学科是世界性的，那么它就会受到各国科学家的关注。随着改革开放的不断深入，这项事业的国际合作，给我们带来了一片光明的前景，也更能促进我国这门学科的发展和繁荣。

1980年，我当选为中国科学院院士（当时称学部委员）；1994年当选为美国国家科学院外籍院士；1996年当选为第三世界科学院院士。一个仅仅上过中学的人能够获得三个院士的荣誉称号，这足以使我感到欣慰。我的工作没白费，我也没有虚度年华。我做出的一点点成绩，得到了世界的承认。

"春蚕到死丝方尽"，我在有生之年，仍会在我的事业上奋斗不已，

为发展我国的古人类学科、旧石器考古学奉献光和热。

话又说回来，快90岁的人，跑也跑不动了，还能干什么呢？1995年，美国世界探险中心（探险家俱乐部）推举我做一名会员，我说："这个俱乐部都是探险家，有第一次航天的，有登月球的，我算什么呀！别说探险了，现在就连小板凳我都上不去了。"他们笑着说："我们都知道，你钻过山洞，钻过300多个山洞，钻洞也是探险。不是说你还能不能再探险，而是你为探险事业做过贡献。"

我现在眼、口、手、脚都快不听使唤了，我想奉献的光和热就是要把青年人培养成才，希望他们接好我们这一代人的班，在21世纪里挑大梁，超过我们，做出的工作比我们更有成绩。我的成绩也希望得到他们的检验。我在1995年4月访问美国时，利基基金会在旧金山为我举行欢迎会，来自湾区的著名科学家、教授、作家、记者、旧金山华人代表有近百人。我在致答谢词时说："我虽然老了，但我还希望在有生之年为这门学科做出自己的贡献。更多的工作应靠年轻人去做。他们思想开放，更容易掌握先进技术和方法，比我们老的更强。我愿意为他们抬轿子。"

给青年人抬轿子，扶他们走上一段，是我们老一辈的责任。我也是在老一辈的教导下走过来的。对青年人要爱护，要严格，但不能打击，否则不利于他们的成长。

60多年里，我写了400多篇（部）论著，但给青少年写这么多还是第一次。因为我不是小说家，语言修辞不是很好，有些学术上的东西也怕青少年朋友不好懂。我的水平有限，也只好这样了。我是从周口店起家的，我的命运、事业与周口店紧紧连在一起，没有周口店，也就没有我的今天。青少年朋友可能不知道有我这个贾兰坡，但一定会知道周口店"北京人"遗址，这在课本上会学到。它不但被联合国教科文组织列为世界文化遗产，也多次被北京市列为青少年教育基地。

在周口店"北京人"遗址里，发现古人类的材料之多、背景之全，在世界上是首屈一指的。

保护好这个世界文化遗产，使之为越来越多的人的关注，这也是我的一个心愿。我在一些文章中多次呼吁，除了要保护好这个遗址外，在有条件的情况下，在遗址周围还应种上50万年前的树木和草丛，塑造出"北京人"打制石器、狩猎、采集果实和使用火的场景，逼真地再现"北京人"的生活，使参观者一进遗址大门就能感受到仿佛进入了50万年前。那样，"北京人"遗址就会越来越受人们，特别是青少年朋友们的喜爱，成为真正的教育基地。青少年对这门学科产生了浓厚的兴趣，就会有更多的青年加入到这门学科队伍中来，这门学科就会有更加快速的发展，再现新的辉煌。

我在第七届全运会上将亲手点燃的"文明之火"的火种传给了青年，他们又一个个传递下去。"文明之火"与"进步之火"的火种将燃起熊熊的科技之光，照亮祖国这块神州大地。

我有机会写一下自己，这只是个以讲故事的方式写下的自述，想到哪里就写到哪里，因为不是什么传记，就不必担心什么，同时还能澄清一些事实。例如，在我的一份材料中，不知谁为我填写了简历。写得不但词句不通顺，更可气的是说我在伪地质调查所工作过两年。"伪"当然是指日寇侵华之伪。我从来没在伪政府部门干过事。知道我的人目前还大有人在，他们都可证实，不然和我一起工作过的人不在世了，这岂不是又成了无头冤案？

想到过去，就会想到父母对我的养育之恩，想到今天能有一点儿所得，就会想起我的先师杨钟健、裴文中、德日进、魏敦瑞等人对我的教育和鼓励，就会想到他们对我的严格要求。当然这点儿所得也和一些老中青朋友的无私帮助分不开，我向这些人深深地鞠上一躬。

轻松一课

一、考古大事记

从进入新生代研究室起，在投身于考古事业的一生中，贾兰坡教授曾经提出了许多关于考古学研究的著名论断，试着回忆一下书本内容，在下面列举出三条。

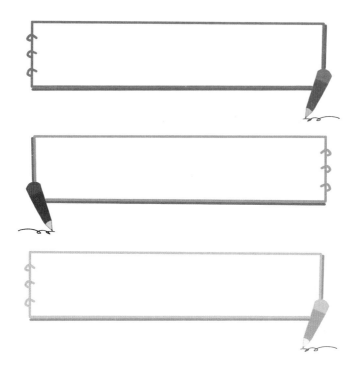

二、阅读积累卡

	起因	过程	结果	意义
广西之行				
河西之行				
细石器之行				

观察日记

　　同学们，经过近两周的时间，你们的考古之旅结束了。在这场妙趣横生的旅行中，你们不仅学习了许多有关人类起源与古人类学的知识，直观地观察了古人类学者们的日常工作，还从中体会到了科研人员孜孜不倦的工作态度。相信现在同学们不仅能回答"我是从哪里来的"这个问题，还能如数家珍般细数各类化石的相关知识。

　　然而，学无止境，古人类学是一门高深的学科，想要更深入、透彻地了解与这一学科相关的知识，应该亲自体验、学习。因此，你们可以利用空闲时间，去当地的地质公园或者博物馆进行实地参观与学习。参观结束后，将你的所看与所得记录下来，记得与小伙伴或爸爸妈妈进行分享、交流哦。